"十二五"国家重点图书出版规划项目
21世纪先进制造技术丛书

自动化再制造基础与关键技术

梁秀兵　陈永雄　胡振峰　蔡志海　乔玉林　著

科学出版社
北　京

内 容 简 介

《中国制造 2025》中指出，要全面推行绿色制造，大力发展再制造产业，实施高端再制造、智能再制造、在役再制造，推进产品认定，促进再制造产业持续健康发展。本书结合作者多年来的研究工作，介绍了再制造工程的发展历程及智能再制造工程的基本理论体系，总结了高速电弧喷涂、纳米电刷镀、激光熔覆、激光清洗等再制造关键技术的最新研究成果。

本书可供从事制造及相关行业的工程技术人员及生产管理人员阅读，也可供高等院校及科研院所开展再制造研究或教学的技术人员参考。

图书在版编目(CIP)数据

自动化再制造基础与关键技术 / 梁秀兵等著. —北京：科学出版社，2019. 9
(21 世纪先进制造技术丛书)
"十二五"国家重点图书出版规划项目
ISBN 978-7-03-061461-2

Ⅰ.①自… Ⅱ.①梁… Ⅲ.①制造工业-自动化技术 Ⅳ.①T

中国版本图书馆 CIP 数据核字(2019)第 108815 号

责任编辑：刘宝莉 乔丽维 / 责任校对：郭瑞芝
责任印制：徐晓晨 / 封面设计：陈 敬

科 学 出 版 社 出版
北京东黄城根北街 16 号
邮政编码：100717
http://www.sciencep.com
北京建宏印刷有限公司 印刷
科学出版社发行 各地新华书店经销
*
2019 年 9 月第 一 版 开本：720×1000 1/16
2021 年 1 月第二次印刷 印张：13
字数：260 000
定价：120.00 元
(如有印装质量问题，我社负责调换)

《21世纪先进制造技术丛书》编委会

《21 世纪先进制造技术丛书》序

21 世纪，先进制造技术呈现出精微化、数字化、信息化、智能化和网络化的显著特点，同时也代表了技术科学综合交叉融合的发展趋势。高技术领域如光电子、纳电子、机器视觉、控制理论、生物医学、航空航天等学科的发展，为先进制造技术提供了更多更好的新理论、新方法和新技术，出现了微纳制造、生物制造和电子制造等先进制造新领域。随着制造学科与信息科学、生命科学、材料科学、管理科学、纳米科技的交叉融合，产生了仿生机械学、纳米摩擦学、制造信息学、制造管理学等新兴交叉科学。21 世纪地球资源和环境面临空前的严峻挑战，要求制造技术比以往任何时候都更重视环境保护、节能减排、循环制造和可持续发展，激发了产品的安全性和绿色度、产品的可拆卸性和再利用、机电装备的再制造等基础研究的开展。

《21 世纪先进制造技术丛书》旨在展示先进制造领域的最新研究成果，促进多学科多领域的交叉融合，推动国际学术交流与合作，提升制造学科的学术水平。我们相信，有广大先进制造领域的专家、学者的积极参与和大力支持，以及编委们的共同努力，本丛书将为发展制造科学，推广先进制造技术，增强企业创新能力做出应有的贡献。

先进机器人和先进制造技术一样是多学科交叉融合的产物，在制造业中的应用范围很广，从喷漆、焊接到装配、抛光和修理，成为重要的先进制造装备。机器人操作是将机器人本体及其作业任务整合为一体的学科，已成为智能机器人和智能制造研究的焦点之一，并在机械装配、多指抓取、协调操作和工件夹持等方面取得显著进展，因此，本系列丛书也包含先进机器人的有关著作。

最后，我们衷心地感谢所有关心本丛书并为丛书出版尽力的专家们，感谢科学出版社及有关学术机构的大力支持和资助，感谢广大读者对丛书的厚爱。

熊有伦

华中科技大学

2008年4月

前　　言

当今社会，经济高速发展带来的资源、环境和气候变化问题十分突出。工业化、城镇化进程一方面推动了经济发展和社会进步，另一方面加剧了资源环境约束等问题。保护地球环境、构建循环经济、保持社会经济可持续发展已成为世界各国共同关注的话题。绿色制造和循环经济是人类社会可持续发展的基础，是制造业未来的发展方向。我国在 2015 年提出并实施“中国制造 2025”，坚持创新驱动、智能转型、强化基础、绿色发展，加快从制造大国转向制造强国；全面推行绿色制造，大力发展再制造产业，实施高端再制造、智能再制造、在役再制造，推进产品认定，促进再制造产业持续健康发展。我国再制造行业经过几十年的发展已进入产业化发展阶段，在技术方面和管理方面也已取得积极成果，下一步发展智能再制造不仅能够顺应中国制造业的发展趋势，还能够进一步提高再制造的产业效益及效率。因此，大力发展再制造理论和关键技术，对推动我国再制造产业发展意义重大。

纵观再制造工程领域的相关理论文献，尚缺少关于再制造工程理论方面的系统介绍，目前大多数从事再制造行业的企业和研究单位也深感再制造关键技术及其最新理论的缺乏，这在一定程度上限制了机电产品再制造行业的发展。因此，本书结合作者团队多年来在再制造工程理论及关键技术领域的研究工作，对最新的研究成果进行了总结。全书共 5 章。第 1 章主要介绍再制造的内涵、发展历程及智能再制造工程技术体系，以便读者清晰地认识再制造行业的历史背景和地位，以及未来再制造的发展重点；第 2 章主要介绍电弧喷涂再制造技术，同时也总结电弧喷涂技术应用于汽车零部件再制造产业的典型案例；第 3 章主要介绍自动化纳米电刷镀技术的工艺特点、自动化设备系统与工艺组成，以及典型再制造应用案例；第 4 章主要介绍激光熔覆再制造技术的基本工艺特点，并详细总结激光熔覆非晶复合涂层的最新研究结果；第 5 章主要介绍激光清洗这一新兴再制造表面预处理技术，重点总结自动化激光清洗设备、去除机理及应用效果等方面的技术内容。本书的编写兼顾理论性和工程实用性。通过阅读本书，读者可对再制造基础理论有一个基本的理解，同时也可对再制造所涉及的几类成形加工关键技术有一个最新的认识。

本书由梁秀兵、陈永雄、胡振峰、蔡志海、乔玉林等统稿。第1章由梁秀兵、史佩京、李恩重、刘渤海、杜晓坤、姚巨坤、徐滨士撰写；第2章由陈永雄、梁秀兵、商俊超、张志彬、涂龙撰写；第3章由胡振峰、王浩旭、胡海韵、董世运撰写；第4章由蔡志海、孙博、柳建、刘军、白旭东、罗晓亮撰写；第5章由乔玉林、刘照围、王思捷、梁秀兵撰写。

本书的顺利出版得益于北京市科技计划项目“发动机高附加值零部件再制造设备成果转化”(Z131100006413031)、国家自然科学基金项目“低温微粒轰击与热喷涂一体化成形技术及涂层性能强化机理”(51575527)，以及军队科研项目等的资助，在此表示衷心感谢。同时，向为本书提供素材的陆军装甲兵学院装备再制造技术国防科技重点实验室、机械产品再制造国家工程研究中心等单位表示衷心感谢。

限于作者水平，书中难免存在不足之处，恳请读者指正并提出宝贵意见。

目　　录

第 1 章　再制造工程发展与技术体系

地球资源的日益枯竭和居住环境的日益恶化迫使人类需要改变以往粗放、掠夺式的发展模式，以实现人类社会的和谐、可持续发展。将大量的废旧装备集中起来，以拆解后的废旧零部件作为毛坯，利用表面工程技术对毛坯进行批量化修复和升级改造，赋予废旧装备再次服役的能力，这一过程就是再制造。进一步讲，再制造工程是以产品的“后半生”为研究对象，提升、改造废旧产品的性能，使废旧产品重获生命力，使其蕴含的价值得到最大限度的开发和利用，从而缓解资源短缺与浪费的矛盾，减少大量失效、报废产品对环境的危害。因此，再制造工程是一个资源潜力巨大、经济效益显著、环保作用突出、符合全球可持续发展的绿色工程。

1.1　再制造内涵

再制造作为一种变革传统生产方式和生活方式的社会经济活动，在节能节材、保护环境和可持续发展等方面都具有重要意义。从长远来看，再制造工程是人类生存和发展的必然选择，深刻理解再制造工程的内涵、发展及其特点也很有必要。

1.1.1　再制造工程内涵

再制造工程是以机电产品全寿命周期设计和管理为指导，以实现产品性能跨越式提升为目标，以优质、高效、节能、节材、环保为准则，以先进技术和产业化生产为手段，对废旧机电产品进行修复和改造的一系列技术措施或工程活动的总称[1]，也可以理解为再制造工程就是废旧机电产品高质量维修技术的产业化。

1.1.2　我国再制造工程发展历程

我国再制造工程的发展大体经历了产业萌生、科学论证和政府推进三个主要阶段[2]。

1. 产业萌生阶段

20世纪90年代初期,济南复强动力有限公司、上海大众汽车有限公司(再制造分厂)、柏科(常熟)电机有限公司和广州市花都全球自动变速箱有限公司相继成立,分别从事汽车发动机、发电机、电动机、自动变速箱的再制造工作,均按国外再制造技术标准生产,产品质量可靠,产量稳步增加。90年代中期,国内汽车非法拼装盛行,严重扰乱了市场秩序并造成极大的安全隐患。2001年,国务院令第307号《报废汽车回收管理办法》要求坚决取缔汽车非法拼装市场,并规定废旧汽车的发动机、方向机、变速器、前后桥、车架等几大总成部分一律只许回炉炼钢,不能再进入市场流通使用,这就中断了上述再制造企业的加工毛坯来源,导致这些再制造企业产量严重下滑,生存处境艰难。

2. 科学论证阶段

1999年6月,徐滨士在西安召开的先进制造技术国际会议上首次提出了再制造的概念;同年12月,在广州召开的国家自然科学基金委员会机械工程科学前沿及优先领域研讨会上,徐滨士应邀作了题为《现代制造科学之21世纪的再制造工程技术及理论研究》的报告,国家自然科学基金委员会批准将“再制造工程技术及理论研究”列为国家自然科学基金机械学科优先发展领域。2000年3月,徐滨士在瑞典哥德堡召开的第15届欧洲维修国际会议上发表了题为《面向21世纪的再制造工程》的会议论文,这是我国学者在国际维修学术会议上首次发表“再制造”方面的论文。2001年5月,国防科学技术工业委员会和解放军总装备部批准立项建设我国首个再制造领域的国家级重点实验室——装备再制造技术国防科技重点实验室。该实验室自成立以来,在构建再制造工程理论体系、攻克再制造毛坯剩余寿命评估难题、研发再制造关键技术以及支持再制造企业技术创新等方面取得一批可喜成果。2003年12月由徐滨士领衔撰写、20位工程院院士审签的中国工程院咨询报告《废旧机电产品资源化》上报国务院研究。2004年9月,国家发展和改革委员会组织召开了“全国循环经济工作会”,徐滨士应邀到会作了《发展再制造工程,促进构建循环经济》的专题报告。2006年,中国工程院的"建设节约型社会战略咨询研究"咨询项目研究报告中再次把"机电产品回收利用与再制造工程"列为建设节约型社会17项重点工程之一。上述学术研究和多方位论证为我国再制造工程的发展及政府决策奠定了科学基础。

3. 政府推进阶段

2005年国务院颁发的21号、22号文件均明确指出,国家支持废旧机电产品再制造,并组织相关绿色再制造技术及其创新能力的研发。同年11月,国家发展和改革委员会等六部委联合颁布了《关于组织开展循环经济试点(第一批)工作的通知》,其中再制造工程被列为四个重点领域之一,我国发动机再制造企业——济南复强动力有限公司被列为再制造重点领域中的试点单位。2006年,国务院开始组织以汽车零部件为再制造产业试点,探索经验,研发技术,并开始考虑适时修订有关法律法规。2007年,装备再制造技术国防科技重点实验室承担的"机电产品可持续性设计与复合再制造的基础研究"再次被国家自然科学基金委员会批准为重点项目。2008年,国家发展和改革委员会组织了"全国汽车零部件再制造产业试点实施方案评审会",共批准14家汽车零部件再制造企业开展试点。2009年1月1日全国人大常务委员会通过的《中华人民共合国循环经济促进法》开始实施。该法律为推进再制造产业发展提供了法律依据,并规范了对再制造产业的管理。

为贯彻落实《中国制造2025》、《工业绿色发展规划(2016—2020年)》、《绿色制造工程实施指南(2016—2020年)》,加快发展高端再制造和智能再制造,进一步提升机电产品再制造技术管理水平和产业发展质量,推动形成绿色发展方式,以实现绿色增长。工业和信息化部于2017年11月发布了《高端智能再制造行动计划(2018—2020年)》,计划到2020年,突破一批制约我国高端智能再制造发展的拆解、检测、成形加工等关键共性技术,智能检测、成形加工技术达到国际先进水平;发布50项高端智能再制造管理、技术、装备及评价等标准;初步建立可复制推广的再制造产品应用市场化机制;推动建立100个高端智能再制造示范企业、技术研发中心、服务企业、信息服务平台、产业集聚区等,带动我国再制造产业规模达到2000亿元。

当前国家对发展再制造产业高度重视,鼓励政策和法律法规将相继出台,再制造示范试点工作稳步进行,再制造理论与技术的研究已取得重要成果。我国已进入以国家目标推动再制造产业发展为中心内容的新阶段,国内再制造的发展呈现出良好态势。

1.1.3　再制造工艺流程

再制造对象广泛,既可以是设备、系统、设施,也可以是零部件,既包括硬件也包括各种再制造控制软件。硬件再制造的工艺流程一般包括拆解、清洗、检测、加工、零部件测试、装配、整机磨合试验、喷漆包装等步骤。由于再制造的产品种类、生产目的、生产组织形式不同,不同产品的再制造工艺有所区别,但主要过程类似,如图 1.1 所示。

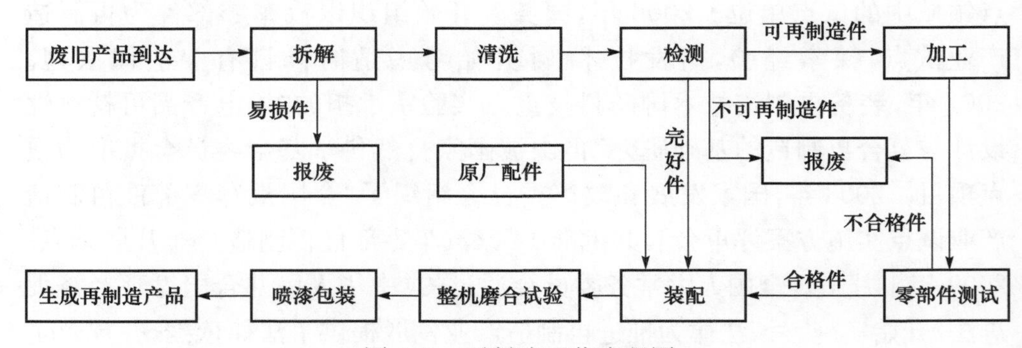

图 1.1　再制造工艺流程图

再制造工艺过程的每个步骤相互联系,而且每个步骤包含的信息流都是掌握不同类型产品再制造特点的信息支撑。例如,通过清洗后,检测统计到某类零件损坏率较高,且其再制造价值比较小,则在再制造中可以停止对该类零件的清洗,直接做报废处理。而且在拆解过程中如果需要,也可以对该类零件进行破坏性拆解,以实现废旧装备的顺利拆解。如果检测统计到组成某部件的所有零件尺寸和性能完好,则在再制造中可以省去对该类部件的拆解工作,以节省再制造工作量,提高再制造效率。

1.1.4　再制造工程发展的重要意义

再制造工程以废旧机电产品为对象,可以实现变废为宝,化害为利,减少自然资源的消耗和废物的排放，是循环经济的重要组成部分。发展再制造工程对我国循环经济的发展，实现可持续发展战略目标具有重要意义，主要体现在以下五个方面。

1）发展再制造工程可以减少对原生资源的依赖和利用

城市生产生活所产生的所有废物，如报废汽车、报废机床、废旧家电等，经过处理都可以变成钢铁、有色金属及塑料等生活所需产品制造的原材料。这些废弃物被誉为城市矿山。据统计，从1t废旧手机中可以提炼400g金、2300g银和172g铜；从1t废旧个人计算机中可以提炼300g金、1000g银、150g铜和近2000g稀有金属等。一台废旧斯太尔发动机中，94.5%的零件（质量分数）都可以再利用和再制造。同时，从城市矿山中提炼金、银、铜、铁、铝及各种稀缺资源的成本要比直接从矿山中开采降低85%左右。城市矿山为我们提供了另一种矿产资源的储存方式。充分挖掘城市矿山资源潜力进行再制造，可以有效减少对原生资源的开采和依赖，减轻我国人均资源匮乏的压力，对实现我国的可持续发展具有重要意义。

2）再制造工程经济效益显著

再制造工程提高了产品的利润空间。相关资料表明，20世纪90年代末，美国施乐复印机再制造每年的收益就可以达到约25亿美元，汽车再制造产业年销售额约为365亿美元，占全部再制造业的68%[3]。2002年，美国再制造产业的年产值占GDP的0.4%。保守计算，如果以美国2002年的再制造产业水平作为我国2020年的发展目标，则到2020年我国再制造产业年产值将达到680亿美元。

3）再制造工程环保效益突出

1998年，《中国环境污染状况备忘录》中指出，造成全球环境污染的排放物有70%以上来自制造业，其每年约产生55亿t无害废物和7亿t有害废物。再制造工程使大量的废旧产品变废为宝，不但可以减少原始资源的开采和利用，也可以减少掩埋土地使用量和直接掩埋对环境造成的污染，极大地节约能源，环保作用突出。以复印机再制造为例，1个硒鼓一般有1362g塑料，做掩埋处理需要一百多年才能使塑料降解，2001年美国再制造的硒鼓数量约为200万个，减少了2724t的掩埋量。相关资料表明，每再制造利用1t铜，不但可以大量减少固体有害废物的产生，而且可以少产生 3t 二氧化碳和 2t 二氧化硫。按此比例计算，2015 年我国精炼铜产量为 796 万 t，假如全部为再制造生产，仅此一项每年就可减少约 2400 万 t 二氧化碳和 1600 万 t 二氧化硫排放。2009 年美国环境保护局估计，如果美国汽车回收业的成果能被充分利用，对大气污染水平将比当前降低 85%，水污染处理量比当前减少 76%。大力发展再制造工程，充分发挥再制造产业环保优势，有助于守住绿水青山，早日实现我国生态文明建设战略目标。

4）再制造工程提升人民的物质生活水平

再制造工程充分挖掘了蕴含在产品中的附加值，在产品销售时具有明显的价格优势且产品质量有保证。例如，再制造发动机的质量、使用寿命达到或超过新品，并有完善的售后服务，而价格仅为新发动机的 50%左右，可为人们提供物美价廉的产品，提升人民的物质生活水平和幸福感，满足人民日益增长的美好生活需要。

5）再制造工程有助于构建稳定和谐社会

大力发展再制造工程，有助于构建稳定和谐社会并促进其发展，主要体现在解决就业问题，缓解就业压力。再制造业是一个劳动密集型产业，与传统制造业相比，再制造业需要雇佣的劳动力数量多达 3～5 倍，能够创造大量的就业机会。

1.2 再制造技术

装备再制造工程是通过各种高新技术来实现的。再制造实施过程中，每个工艺步骤都是以最新的科学技术研究成果作为关键技术支撑。再制造技术就是为完成废旧产品再制造而在各个工艺过程中所采用的方法、手段及相关理论的统称。简单地说，再制造技术就是废旧产品再制造过程中所用到的各种技术的统称。再制造技术是废旧产品再制造生产的重要组成部分，更是实现废旧产品再制造生产高效、经济和环保的重要保证。其中对废旧件进行的尺寸恢复再制造加工和性能提升是再制造技术的核心内容。

1.2.1 再制造拆解技术

拆解是废旧产品进行再制造的第一道工序。再制造拆解是指将废旧装备及其部件有规律地按顺序，一般是按照新装备生产组装的逆序分解成全部零部件的过程。再制造拆解应优先采用无损伤技术手段和措施，尽可能保证拆解装备零部件的完好性。科学的再制造拆解工艺能够有效保证再制造零部件质量性能、几何精度，并显著缩短再制造周期，降低再制造费用，提高再制造装备质量。再制造拆解作为实现有效再制造的重要手段，不仅有助于零部件的再次使用和再制造，而且有助于材料再生利用，实现废旧装备的高品质回收策略。经再制造拆解后，废旧装备零部件可以分为三类：

(1) 可以直接利用零部件（指经过清洗检测后确认剩余寿命充足，且不需要进行再制造加工就可直接在再制造装配中应用的零部件）。

(2) 待再制造零部件（指经过清洗检测后确认剩余寿命充足，通过再制造加工可以达到再制造装配质量标准且具有一定的再制造经济效益的零部件）。

(3) 报废件（指无法直接再利用或进行再制造，以及不具有再制造经济效益，需要进行材料再循环处理或者其他无害化处理的零部件）。

再制造拆解技术是对废旧产品进行拆解的方法与技术，是研究如何实现产品的最佳拆解路径及无损拆解方法，进而高质量获取废旧产品零部件的技术。零部件拆解的质量直接关系到装备的再制造质量和再制造经济效益，而拆解技术是保持废旧产品再制造质量的基础支撑和保证。常用的再制造拆解方法有击卸法、拉卸法、压卸法、温差法及破坏性拆解法等。再制造拆解过程中应根据实际情况，采用不同的拆解方法。

1. 击卸法

击卸法是指利用锤子或其他重物在敲击或撞击零件时产生的冲击能量把零件拆下的方法。该方法是拆解工作中最常用的一种方法，具有使用工具简单、操作灵活方便、不需要特殊工具与设备、适用范围广泛等优点。但是，如果击卸方法不正确，零件容易被损伤或破坏。击卸法大致分为三类情况：

(1) 使用锤子击卸。由于拆解件是各种各样的，一般都是以就地拆解为主，故使用锤子击卸十分普遍。

(2) 利用零部件自重冲击拆解。在某些场合可利用零部件自重冲击能量来拆解零件，如锻压设备锤头与锤杆的拆解往往采用这种方法。

(3) 利用其他重物冲击拆解。在拆解结合牢固的大、中型轴类零部件时，往往采用重型撞锤。

2. 拉卸法

拉卸法是使用专用顶拔器把零部件拆解下来的一种静力拆解方法。该方法具有拆解件不受冲击力、拆解比较安全、不易破坏零部件等优点，其缺点是需要制作专用拉具。拉卸法适用于对拆解精度要求较高、不允许敲击和无法敲击的零部件。

3. 压卸法

压卸法是利用手压机、油压机进行的一种静力拆卸方法，适用于拆卸形状简单的过盈配合件。

4. 温差法

温差法是利用材料热胀冷缩的性能，加热包容件，使配合件在温差条件下失去过盈量，从而实现拆解的方法，常用于拆卸尺寸较大的零部件和热装的零部件。例如，用液压压力机或千斤顶等工具和设备拆解尺寸较大、配合过盈量较大的零部件且无法用击卸、顶压等方法拆解时，或为了使过盈量较大、精度较高的配合件容易拆解时，可使用这种方法。

5. 破坏性拆解法

破坏性拆解法是当必须拆解焊接、铆接等固定连接件，或轴与套互相咬死，或为保存主件而破坏副件时，采用车、锯、錾、钻、割等工艺进行破坏性拆解的方法。破坏性拆解时要尽可能保存核心价值件或使主体部位不受损坏，而对其附件可以采用破坏的方法拆离。

1.2.2 再制造清洗技术

再制造清洗是指借助清洗设备将清洗液作用于工件表面，采用机械、物理、化学或电化学方法，去除装备及其零部件表面附着的油脂、锈蚀、泥垢、水垢、积炭等污物，并使工件表面达到所要求的清洁度的过程。废旧产品拆解后的零部件根据形状、材料、类别、损坏情况等分类后应采用相应的方法进行清洗，以进行零部件再利用或者再制造的质量评判。

对产品零部件表面的清洗是零部件再制造过程中的重要工序，是检测零部件表面尺寸精度、几何形状精度、粗糙度、表面性能、腐蚀磨损及黏着等情况的前提，是零部件进行再制造加工的基础。零部件表面的清洗质量直接影响零部件表面分析、表面检测、再制造加工、装配质量。因此，产品的清洁度是再制造产品的一项重要质量指标，清洁度不良不但会影响产品的再制造加工，而且也会造成产品性能下降，容易出现过度磨损、精度下降、寿命缩短等问题，影响产品质量。同时，良好的产品清洁度，也能够提高消费者对再制造产品质量的信心。

与拆解过程一样，清洗过程也不能直接从普通的制造过程借鉴经验，需要再制造厂商和再制造设备供应厂商研究新的技术方法，开发新的再制造清洗设备。根据再制造零部件清洗的位置、目的、材料的复杂程度等，在清洗过程中所使用的清洗技术和方法也不同，往往需要连续或者同时应用多种清洗方法进行再制造清洗。为了完成每道清洗工序，可使用一整套包括各种专用清洗工艺的清洗设备，包括喷淋清洗机、浸浴清洗机、喷枪机、综合清洗机、环流清洗机、专用清洗机等，对设备的选用需要根据再制造的标准、要求、环保、费用和再制造场所来确定。

拆解后对零部件油污、锈蚀、水垢、积炭、油漆等的清洗，要选用合适的清洗技术。通常采用的清洗方法有汽油清洗、热水喷洗或者蒸汽清洗、流液清洗、化学清洗剂清洗或者化学净化浴、擦洗或钢刷刷洗、高压或常压喷洗、喷砂、电解清洗、气相清洗、超声波清洗及多步清洗等方法。

1. 热能清洗技术

热能对各种清洗方法都有较好的促进作用。由于水和有机溶剂对污垢的溶解速度和溶解量随温度的升高而提高，所以提高温度有利于有机溶剂发挥其溶解作用，同时还能够节约有机溶剂和水的使用量。同理，清洗后用水冲洗时，较高的水温也有利于去除吸附在清洗对象表面的碱和表面活性剂。

热能可使污垢的物理状态发生变化。温度的变化会引起污垢的物理状态发生变化，使其变得容易去除。油脂和石蜡等固体油污很难被表面活性剂水溶液乳化，但当它们加热液化后，就比较容易被表面活性剂水溶液乳化而分散。固态油脂的乳化如图 1.2 所示。

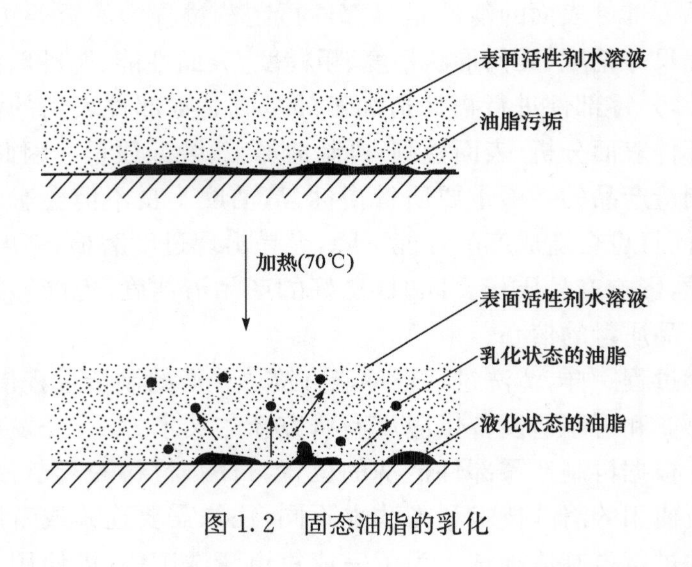

图 1.2　固态油脂的乳化

热能也可以使清洗对象的物理性质发生变化，从而有利于清洗。当清洗对象和附着的污垢的热膨胀率存在差别时，常可以利用加热的方法降低污垢与清洗对象之间的吸附力，使污垢易于解离去除。此外，热能还可使污垢受热分解。耐热材料表面附着的有机污垢加热到一定温度后，可能发生热分解变成二氧化碳等气体而去除。

2. *流液清洗技术*

零部件清洗时，除了把零部件置于清洗液中的静态处理外，有时为提高污垢被解离、乳化、分散的效率，还可让清洗液在清洗对象表面流动，称为动态清洗，也可称为流液清洗。

如图 1.3 所示，清洗液在清洗对象表面有三种流动方向：①沿与清洗对象表面平行的方向流动；②沿与清洗对象表面垂直的方向流动；③沿与清洗对象表面成一定角度流动。实践表明，第三种情况下污垢被解离的效果最好，是喷射清洗中常用的角度。由于零部件通常是多面体等复杂形状，这时需用搅拌的方法使清洗液形成紊流以提高清洗效果。搅拌容易得到使清洗液均匀有效流动的效果，通常有清洗液流动、清洗对象运动及清洗对象和清洗液都运动三种方法。

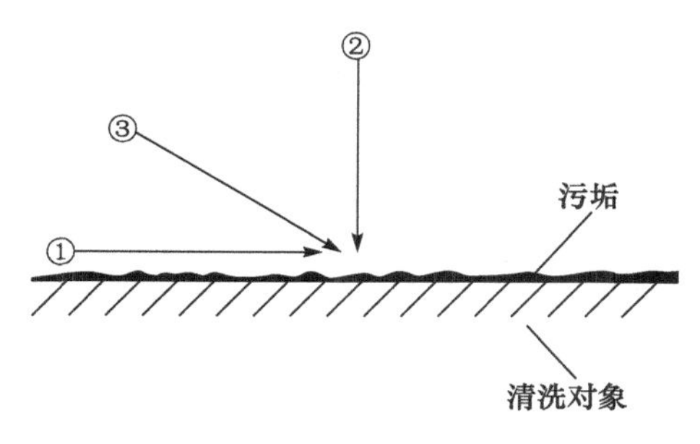

图1.3　清洗液在界面上的流动方向

3. 压力清洗技术

1）喷射清洗技术

喷射清洗技术是指通过喷嘴把加压的清洗液喷射出来冲击清洗物表面的清洗方法。影响喷射清洗质量的主要因素包括喷射清洗作用力、喷射所用喷嘴和喷射清洗液三方面。

2）泡沫喷射清洗技术

泡沫喷射清洗技术是指在清洗垂直的壁面时，为充分发挥清洗能力，减少清洗液浪费，使用发泡性强的清洗液进行喷射清洗的方法。该清洗技术在清洗垂直壁表面时会形成有一定厚度的稳定性泡沫，延长泡沫与壁面的接触时间，使污垢充分瓦解，然后再用清水喷射，提高污垢的清除效果。该清洗技术适用于清除各种装备表面的油污。

3）水射流清洗技术

水射流清洗技术是使用液体射流的喷射作用进行清洗，根据射流压力的大小可分为低压、中压和高压三种。低压和中压射流清洗是借助清洗液的洗涤与水流冲刷的双重去污作用，高压射流清洗是以水力冲击的清洗作用为主，清洗液所起的溶解去污作用很小。高压水射流技术用120MPa以内压力的高压水射流进行清洗，该技术效率高、节能省时，近年来发展很快，应用日益广泛。高压水射流清洗不污染环境，不腐蚀清洗物体基质，高效节能。

4. 摩擦与研磨清洗技术

1）摩擦清洗技术

摩擦清洗技术是指用摩擦力去除表面污垢的方法。当用各种清洗液浸泡清洗金属或玻璃材料时，有些污垢顽渍用清洗液清洗不易去除，需要用刷子配合擦洗才能去除干净。需要注意的是，擦洗用工具（如刷子）要保持清洁，防止工具对清洗对象的再污染。实际清洗过程中一些不易去除的污垢，使用摩擦清洗方法往往能取得较好的效果。

2）研磨清洗技术

研磨清洗技术是指用机械作用力去除表面污垢的方法。研磨清洗使用的方法包括使用研磨粉、砂轮、砂纸及其他工具对含污垢的清洗对象表面进行研磨、抛光等。研磨清洗的作用力比摩擦清洗作用力大得多，两者有明显区别。研磨清洗操作方法主要有手工研磨和机械研磨。

3）磨料喷砂清洗技术

磨料喷砂清洗技术是把干的或悬浮于液体中的磨料定向喷射到零部件或产品表面的清洗方法。磨料喷砂清洗是清洗领域内广泛应用的方法之一，可用于清除金属表面的锈层、氧化皮、干燥污物、型砂和涂料等污垢。

5. 超声波清洗技术

超声波作用包括超声波本身具有的能量作用、空穴破坏时放出的能量作用和超声波对液体的搅拌流动作用等，超声波清洗装置示意图如图1.4

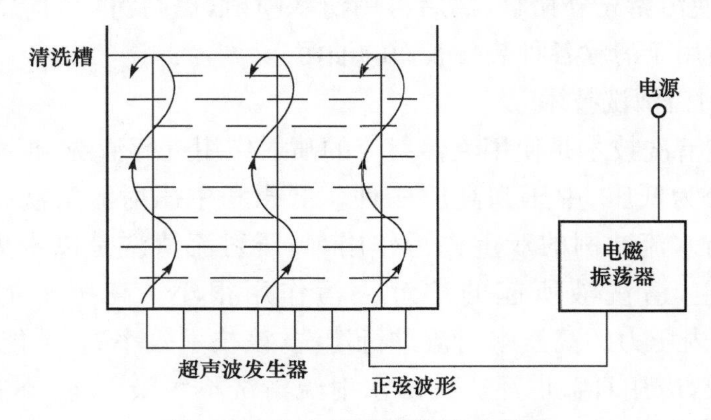

图 1.4　超声波清洗装置示意图

所示，它由超声波发生器和清洗槽两部分组成。电磁振荡器产生的单频率简谐电信号（电磁波）通过超声波发生器转化为同频超声波，通过液体传递到清洗对象。超声波发生器通常安装在清洗槽下部，也可以安装在清洗槽侧面，或采用移动式超声波发生器装置。

超声波清洗工艺参数主要有振动频率、功率密度、清洗时间和清洗温度。超声波清洗工艺参数选择如表1.1所示。

表1.1　超声波清洗工艺参数选择

参数名称	选用范围	说明
振动频率	常用：约20kHz 高频：300～800kHz	工件表面光洁度较高或有小孔、狭深凹槽时，建议采用高频。但高频振动衰减较快，作用范围较小，空化作用弱，清洗效率较低
功率密度	0.1～1.0W/cm^2	工件形状复杂或具有深孔、盲孔，或油垢较多，清洗液黏度较大，或选用高频振动时，功率密度可较大。对铝及其合金或用乙醇、水为清洗液时，则可取小些
清洗时间	2～6min	工件形状复杂时取上限，表面光洁度高则取下限，还应根据污垢的严重程度而变化
清洗温度	水基清洗液：32～50℃ 三氯乙烯：70℃ 汽油或乙醚：室温	一般经试验确定合适的温度

6. 电解清洗技术

电解清洗技术是利用电解作用将金属表面污垢去除的清洗方法。根据去除污垢的种类不同，分为电解脱脂和电解研磨去锈。电解是在电流作用下，物质发生化学分解的过程。在电解过程中，金属表面的污垢也随着被去除。

电解脱脂是用电解方法把金属表面黏附的各类油脂污垢加以去除。电解脱脂使用的电解槽模型如图1.5所示。待清洗的金属部件与电解池的电极相连放入电解槽，在电解时，金属表面会有细小的氢气或氧气产生，这些小气泡促使污垢从被清洗金属表面剥离下来。电解脱脂分为阴极脱脂和阳极脱脂，常使用氢氧化钠、碳酸钠等碱性水溶液作电解质，可增强去污作用。钢铁材料电解脱脂时常用氢氧化钠等强碱溶液作电解质，并在高浓度高温下电解。而铜及其合金一般采用低浓度的碱液。锌和铝等有色金属耐碱腐蚀性差，多用硅酸钠等弱碱溶液作电解质。

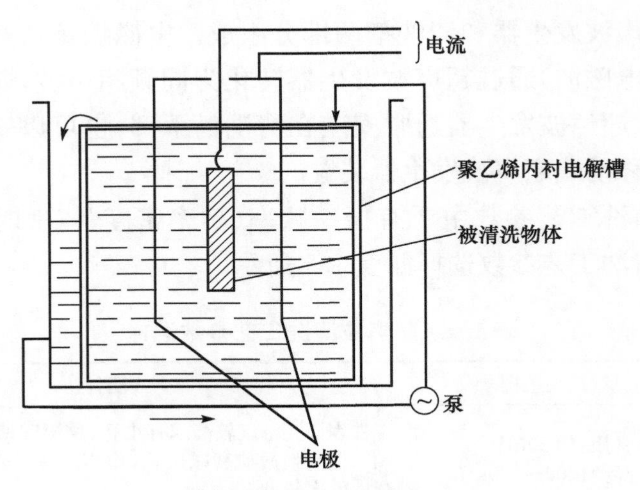

图 1.5　电解槽模型

电解研磨去锈是对金属表面腐蚀以将表面的氧化层及污染层去除的方法,简称电解研磨。电解研磨是向电解质溶液中通入电流,使浸渍在电解液中的金属表面上的微小突起部位优先溶解去除,获得平滑光泽的金属表面的方法。电解研磨通常把处理的金属置于阳极,使用酸性或碱性电解液均可。为抑制腐蚀和增加黏度,常在电解液中加入添加剂。该电解研磨可以得到与机械研磨不同的加工特性,适用于多种金属单质和合金材料。

7. 化学清洗技术

化学清洗技术是采用一种或几种化学药剂(或其水溶液)清除设备内侧或外侧表面污垢的方法。该清洗方法借助清洗剂对物体表面污染物或覆盖层进行化学转化、溶解、剥离以达到清洗的目的。化学清洗的关键是清洗液,包括溶剂、表面活性剂和化学清洗剂。

溶剂包括水、有机溶剂和混合溶剂。其中,水是清洗过程中使用最广泛、用量最大的溶剂或介质。表面活性剂又称界面活性剂,是具有在两种物质的界面上聚集,且能显著改变(通常是降低)液体表面张力和两相间界面性质的一类物质。化学清洗剂是指化学清洗中所使用的化学药剂。常用的化学清洗剂有酸、碱、氧化剂、金属离子螯合剂、杀生剂等。

1)酸清洗

酸是处理金属表面污垢最常用的化学药剂,常用的酸清洗剂有以下几种：

(1) 硫酸(H_2SO_4)。化学清洗用的硫酸浓度一般在 15%(质量分数)以下，对不锈钢和铝合金设备无腐蚀性，适合清洗这些特殊金属设备。工业上用硫酸进行清洗时，通常加入非离子表面活性剂以提高除锈能力。为了降低硫酸对金属物体的腐蚀性，一般要在清洗剂中加入适量缓蚀剂。

(2) 盐酸(HCl)。使用盐酸作清洗液时，盐酸浓度一般在 10%(质量分数)以下，并可在常温下使用。大多数氯化物溶于水，所以盐酸常用于清除碳酸盐水垢、铁锈、铜锈、铝锈等。盐酸清洗液适用于碳钢、黄铜、紫铜及其他铜合金材料的设备清洗，不宜用于不锈钢和铝材表面污垢的清洗。

(3) 硝酸(HNO_3)。用于酸洗的硝酸浓度一般约为 5%(质量分数)，可用于清除盐酸无法清除的金属氧化物和垢物。用硝酸清洗不锈钢为基体的设备，不会导致孔蚀，而且硝酸清洗铜锈效果好。硝酸可以去除水垢和铁锈，对碳酸盐水垢、Fe_2O_3 锈垢和 Fe_3O_4 锈垢的溶解能力强，去除氧化铁皮和铁垢的速度快、时间短，并且对碳钢、不锈钢、铜的腐蚀性低。

(4) 磷酸(H_3PO_4)。在去除钢铁表面锈污时，通常用 10%～20%(质量分数)的磷酸溶液，温度控制在 40～80℃。用磷酸清洗生锈的金属表面，在去锈的同时可以形成磷化保护膜，对金属起保护作用。磷酸不宜用于清除水垢，其铁盐在低浓度磷酸中的溶解度低，所以只在特殊情况下才用磷酸作酸洗剂。

2) 有机酸清洗

为了保证再制造零部件的表面质量不受损伤，减少再制造过程中的环境污染，还可以采用有机酸来进行再制造清洗。可用于酸洗的有机酸很多，常用的有氨基磺酸、羟基乙酸、柠檬酸、乙二胺四乙酸等。与无机酸相比，有机酸对金属腐蚀性小、无毒、污染小、无三废排放、清洗时较安全、清洗效果好，但其成本较高，需要在较高温度下操作，清洗耗费时间长。

3) 碱清洗

碱清洗法是一种以碱性物质为溶剂的化学清洗方法，清洗成本低，应用广泛，主要用于清除油脂污垢、无机盐、金属氧化物、有机涂层和蛋白质污垢等。与酸清洗法相比，虽然碱清洗法除锈、除垢的清洗成本高、速度慢，但是不会造成金属的严重腐蚀，不会引起工件尺寸的明显改变，不存在因清洗过程中析氢而造成对金属的损伤，金属表面在清洗后与钝化之前，也不会快速生锈。

4）氧化剂清洗

氧化剂清洗法是一种以氧化性或还原性物质为溶剂的化学清洗方法。某些难溶于水溶液的污垢，可以在一定的条件下，用氧化性或还原性物质与之作用发生氧化，使其分子组成、溶解特性、生物活性、颜色等发生转化，变成易于溶解与清除的物质，从而被清除。常用于工业清洗中的清洗剂包括硝酸、铬酸、浓硫酸等氧化性酸。此外，有些只有在高温熔融、强酸或强碱配合下，才能发挥良好清洗作用的氧化剂和还原剂，称为熔融剂。

8. 其他先进清洗技术

1）干冰清洗技术

干冰清洗技术是将液态的二氧化碳通过干冰制备机（造粒机）制作成一定规格（直径 2～14mm）的干冰球状颗粒，以压缩空气为动力源，通过喷射清洗机将干冰球状颗粒以较高速度喷射到被清洗物体表面，从而进行清洗的方法。其工作原理与喷砂工艺原理类似，干冰颗粒对污垢表面有磨削、冲击作用。此外，低温（－78℃）的二氧化碳干冰颗粒用高压喷射到被清洗物表面，使污垢冷却以至脆化，进而与其所接触的材质产生不同的冷却收缩效果，从而减小了污垢在材质表面的黏附力。而且干冰颗粒钻入污垢裂缝，随即气化，其体积膨胀 800 倍，产生的气掀作用把污垢从被清洗物体的表面剥离。同时干冰颗粒对污垢表面的磨削和冲击作用，以及压缩空气的吹扫剪切，使污垢从被清洗物体表面以固态形式剥离，达到清除污垢的目的。干冰清洗技术的优点是清洗后清洗对象表面干燥洁净，无介质残留，不损伤清洗对象，不会使金属表面生锈；清洗过程不污染环境、速度快、效率高、价格便宜、操作简单方便；特别适用于不能进行液体清洗的场合。

2）紫外线清洗技术

紫外线是一种波长在可见光与 X 射线之间的电磁波，波长为 100～400nm。紫外线具有较高的能量，一些物质分子吸收紫外线后会处于高能激发态，有解离或电离倾向。同时，紫外线还能促进臭氧分子生成，并生成有强氧化力的激发态氧气分子。紫外线清洗技术也称紫外线-臭氧并用清洗法（UV-O_3 法）。波长 253.7nm 的紫外线能激发有机物污垢分子，而波长

184.9nm的紫外线能激发氧气生成臭氧，并与紫外线发生协同作用促进有机物氧化，使有机物污垢分子分解成挥发性小分子CO_2、H_2O和N_2等。这两种波长的紫外线联合使用，能够大大加快清洗速度。

3）等离子体清洗技术

等离子体清洗技术分为用不活泼气体产生的等离子体进行清洗和用活泼气体产生的等离子体进行清洗两种方法。等离子体清洗可用来对玻璃和金属表面微量吸着的残留水膜和有机污垢进行去除，而且有利于防止清洗对象被再次污染。在微电子行业，可用等离子体清洗硅晶片表面上的光致抗蚀膜，但用等离子体清洗方法时需考虑废气对物体的二次污染及过量腐蚀的问题。

4）离子束清洗技术

在高真空度环境下，将电子枪产生的电子束在高能电场（几千伏至几十千伏）作用下进行加速，当其撞击金属时会在表面产生离子束。离子束清洗技术就是利用离子束的加速轰击作用进行物体表面清洗。由于离子束运动方向易于控制，可把离子束集中作用于被清洗物体表面的一点进行清洗，所以特别适用于超精密工业清洗。该清洗方法的缺点是装置造价昂贵、用途受限。

5）激光清洗技术

激光是一种具有高能量的单色光束，聚焦后的激光功率密度可达10^2～10^{15}W/cm^2。激光清洗技术是把激光束聚焦于物体表面，在极短时间内把光能变成热能，使表面污垢熔化从而被去除的方法。目前国内外已开始广泛把激光应用于清洗领域。该清洗技术可在不熔化金属的前提下把金属表面的氧化物锈垢去除。此外，激光清洗技术还可以改变金属物体的金相组织结构从而达到清洗的目的。目前该技术已被研究应用于去除古迹或青铜雕塑表面的氧化物污垢以及去除放射性污染，是一种物理清洗新技术。

1.2.3　再制造检测技术

再制造检测是指在再制造过程中，借助各种检测技术和方法，确定拆解后废旧零部件的表面尺寸及其性能状态等，以决定其是弃用还是再制造加工的过程。废旧零部件通常都是长期使用过的零部件，这些零部件的工况对再制造零部件的最终质量影响很大。零部件的损伤，不管是内在质量还是外观变形，都要经过仔细检测，根据检测结果，进行再制造性综合评价，决定该零部件在技术上和经济上进行再制造的可行性。

拆解后废旧零部件的鉴定与检测工作是装备再制造过程的重要环节，是保证再制造产品质量的重要步骤。它不但能决定毛坯的弃用与否，影响再制造成本，提高再制造产品的质量稳定性，还能帮助决策失效毛坯的再制造加工方式，是再制造过程中一项至关重要的工作。因此，鉴定与检测工作是保证最佳化资源回收和再制造产品质量的关键环节，应给予高度的重视。

通常采用的针对废旧零部件毛坯的再制造检测方法有感官检测法、测量工具检测法、无损检测法等。

1. 感官检测法

感官检测法是指不借助量具和仪器，只凭检测人员的经验和感觉来鉴别毛坯技术状况的方法。这类方法精度不高，只适于分辨缺陷明显（如断裂等）或精度要求低的毛坯，要求检测人员具有丰富的实践检测经验和技术。具体检测方法有以下几种：

(1) 目测。用眼睛或借助放大镜来对毛坯进行观察和宏观检测，如倒角、裂纹、断裂、疲劳剥落、磨损、刮伤、蚀损、变形、老化等。

(2) 听测。借助敲击毛坯时的声响判断技术状态。零件无缺陷时声响清脆，内部有缩孔时声音相对低沉，内部有裂纹时声音嘶哑。听声音可以进行初步检测，对重点件还需要进行精确检测。

(3) 触测。用手与被检测的毛坯接触，可判断零部件表面温度高低和表面粗糙程度、明显裂纹等；使配合件做相对运动，可判断配合间隙的大小。

2. 测量工具检测法

测量工具检测法是指借助测量工具和仪器，较为精确地对零部件的表面尺寸精度和性能等技术状况进行检测的方法。这类方法相对简单，操作方便，费用较低，一般均可达到检测精度要求，所以在再制造毛坯检测中应用广泛。主要检测内容如下：

(1) 用各种测量工具（如卡钳、钢直尺、游标卡尺、百分尺、千分尺、塞规、量块、齿轮规等）和仪器，检验毛坯的几何尺寸、形状、相互位置精度等。

（2）用专用仪器、设备对毛坯的应力、强度、硬度、冲击韧性等力学性能进行检测。

（3）用平衡试验机对高速运转的零部件进行静、动平衡检测。

（4）用弹簧检测仪检测弹簧弹力和刚度。

（5）承受内部介质压力并须防泄漏的零部件，需在专用设备上进行密封性能检测。

在必要时还可以借助金相显微镜来检测毛坯的金属组织、晶粒形状及尺寸、显微缺陷、化学成分等。根据快速再制造和复杂曲面再制造的要求，快速三维扫描测量系统也在再制造检测中得到了初步应用，它能够进行曲面模型的快速重构，并用于再制造加工建模。

3. 无损检测法

无损检测法是指利用电、磁、光、声、热等物理量，通过检测再制造毛坯所引起的变化来测定毛坯的内部缺陷等技术状况。目前已被广泛使用的无损检测法有超声检测技术、射线检测技术、磁记忆效应检测技术、涡流检测技术等。该方法可用来检查再制造毛坯是否存在裂纹、孔隙、强应力集中点等影响再制造后零件使用性能的内部缺陷。这类方法不会对毛坯本体造成破坏、分离和损伤，是先进高效的再制造检测方法，也是提高再制造毛坯质量检测精度和科学性的前沿手段。

1.2.4　再制造快速成形技术

废旧件的尺寸恢复及性能提升是再制造工程的核心内容。因此，用于废旧件尺寸恢复及性能提升的再制造快速成形技术是再制造关键核心技术。材料制备与成形一体化技术是针对装备零部件再制造，同时实现零部件修复部位成形和修复材料制备两个过程的各种再制造技术。材料制备与成形一体化技术是先进的再制造工程技术，主要包括热喷涂技术、高能束增材制造技术、电沉积技术等。

1. 热喷涂技术

热喷涂技术是利用高温焰流（电弧、等离子或燃烧火焰焰流等）将粉末或丝材加热至熔融或半熔融状态，雾化后高速喷射到经预处理的基体材料表面，形成功能涂层或制备结构件的一种材料制备与成形一体化技术。根据热源性质，热喷涂方法一般可以分为火焰喷涂、等离子喷涂、电弧喷涂及其他喷涂方法。

热喷涂技术是再制造工程的关键支撑技术之一。相比其他再制造技术，热喷涂技术具有生产效率高、涂层性能好、经济效益好、材料利用率高等优点。目前，热喷涂技术已被广泛用于制备耐磨层、耐腐蚀层、热障涂层等，并用于曲轴、柱塞、锅炉“四管”，以及飞机、舰船等零部件的维修再制造中。

2. 高能束增材制造技术

高能束增材制造技术是基于激光束、电子束、等离子束及电弧等高能量密度热源进行熔覆成形的增材制造技术（3D 打印技术），即国内称为快速成形的一种先进制造技术。其本质原理是离散与堆积，即在计算机辅助计算下，通过对实体模型进行切片处理，把三维实体的制造转换成二维层面的堆积和沿成形方向上的不断叠加，最终实现三维实体的制造。与传统制造方法相比，增材制造技术具有节材、节能及成形不受零件复杂程度限制等优势，因此受到了国内外的广泛关注。如今，增材制造技术已经在工业、生物医疗、考古和装备零部件再制造等行业得到广泛的应用。

3. 电沉积技术

电沉积是指金属或合金从其化合物水溶液、非水溶液或熔盐中电化学沉积的过程，它是金属电解冶炼、电解精炼、电镀、刷镀、电铸过程的基础。这些过程在一定的电解质和操作条件下进行，金属电沉积的难易程度及沉积物的形态与沉积金属的性质有关，也依赖于电解质的组成、pH、温度、电流密度等因素。

电刷镀的主要特点是镀液浓度高、阴阳极间距小，并可相对运动，可允许使用较高的电流密度，进而优化了结晶过程，限制了生成粗晶和粒状结晶的可能，细化了结晶，因而镀层结晶细密，孔隙少，耐蚀性十分优异。电刷镀复合电沉积原理与复合镀的沉积机理基本相同，但在工艺上采用电刷镀技术，而镀液中主盐浓度较高。电刷镀纳米复合镀层在再制造工程领域得到了一定的应用，特别适合于机械产品表面几十微米到几百微米范围内薄镀层的制备。

1.3　智能再制造工程

《中国制造2025》提出，全面推行绿色制造，大力发展再制造产业，实施高端再制造、智能再制造、在役再制造，推进产品认定，促进再制造产业持续健康发展。经过几十年的发展，我国再制造行业已进入产业化发展阶段，在技术方面已达到国际先进水平，管理方面也已取得积极成果。发展智能再制造能够顺应中国制造业的发展趋势，进一步提高再制造的产业效益及效率。构建智能再制造工程体系并发挥其作用是再制造发展的重要内容之一。

1.3.1　智能再制造工程体系结构

智能再制造工程以产品全寿命周期设计及管理为指导，是分析、策划、控制、决策等先进再制造过程与模式的总称。智能再制造工程将互联网、物联网、大数据、云计算等新一代信息技术与再制造回收、生产、管理、服务等各环节融合，通过多种技术的有机结合、人机交互等集成方式来实现。智能再制造工程以智能再制造技术为手段，以关键再制造环节智能化为核心，以网通互联为支撑，可有效缩短再制造产品生产周期、提高生产效率、提升产品质量、降低资源能源消耗，对推动再制造业转型升级具有重要意义。

智能再制造工程体系涵盖了再制造的全过程和全系统，包括再制造加工技术、再制造物流、再制造生产、再制造营销、再制造售后服务等环节，概括起来为智能再制造物流、智能再制造生产、智能再制造加工技术与设备、智能再制造产品营销四个方面，四者是相辅相成且高度集成的工程体系。智能再制造工程是再制造产业链与信息技术、自动化技术、智能技术的深度融合，涵盖再制造的全过程以及再制造企业的所有部门，是一项系统工程，包含硬件和软件两个部分。硬件是指高度柔性化的可用于再制造的关键技术与设备，包括监测设备、检测设备、生产设备等。软件是指与硬件配套的信息化与智能化技术，包括传感识别技术、策划设计技术、过程控制技术、诊断决策技术、人机交互技术等，通过功能平台（如信息平台）和硬件设备（如高柔性再制造生产加工设备）发挥作用。智能再制造工程体系结构如图 1.6 所示。

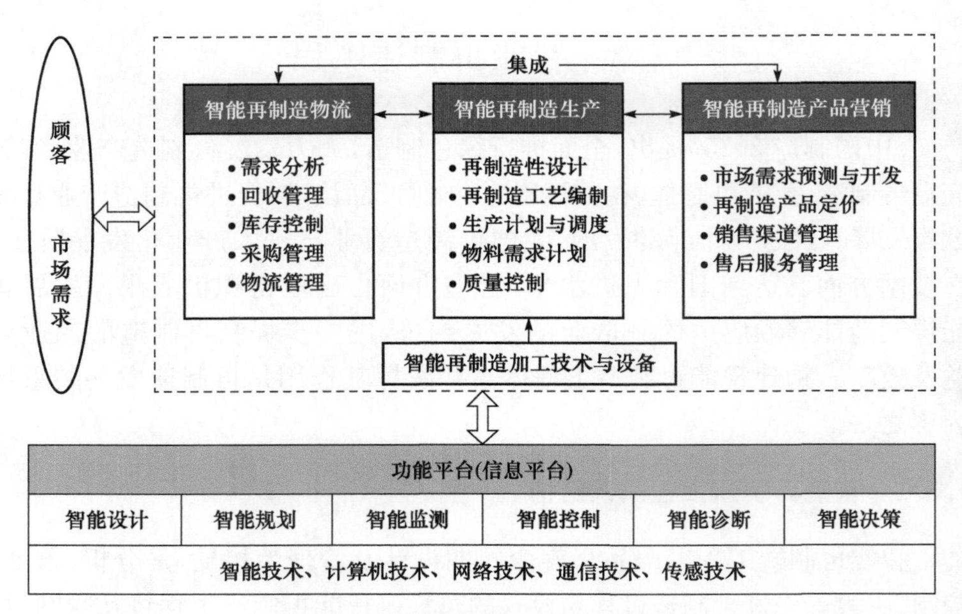

图 1.6　智能再制造工程体系结构

1.3.2　智能再制造工程体系组成

1. 智能再制造物流

再制造物流包含两个方向：一是用于再制造毛坯回收的逆向物流，二是用于再制造产品销售的前向物流，二者相辅相成，构成再制造物流体系。目前关于再制造物流体系的研究热点在于再制造逆向物流的构建，以及包含了销售物流的再制造物流体系的构建与优化，主要有再制造回收决策、再制造毛坯回收量预测与库存控制、再制造逆向物流成本优化及再制造物流网络设计与优化等[3]。

智能再制造物流体系应是一个网络拓扑结构，主要利用互联网技术及各类信息通信技术。回收中心在信息平台上发布旧件信息，再制造企业可以在信息平台上进行信息浏览、检索旧件资源的品种、数量及质量状况，确定所需物品的信息，并向信息平台提出需求申请，回收中心浏览到需求信息后，将再制造企业所需的废旧产品通过物流供应商提供给再制造企业，如图1.7所示。

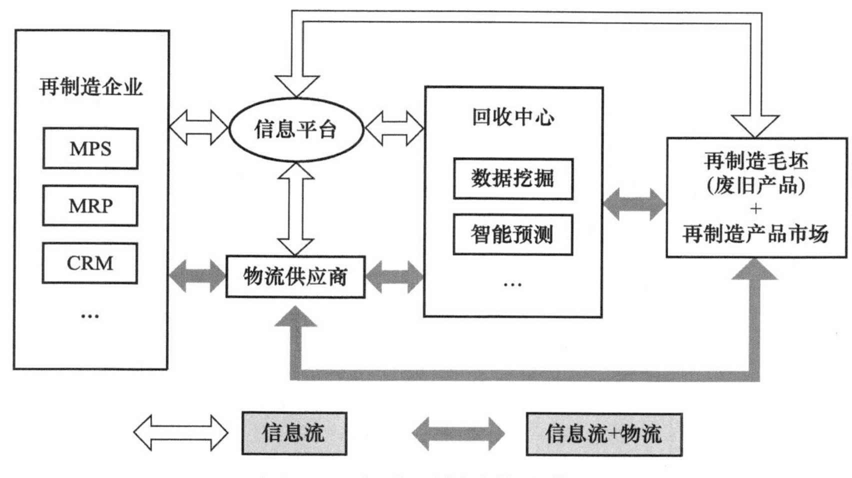

图1.7　智能再制造物流体系

再制造企业及回收中心通过自身的物料需求计划(material requirement planning，MRP)系统或企业资源计划(enterprise resource planning，ERP)系统与信息平台实现接口互通，再制造企业根据客户关系管理(customer relationship management，CRM)系统所制订的再制造产品生产计划(master production schedule，MPS)，确定再制造毛坯回收量，可直接向回收中心提出采购请求。另外，回收中心可根据所覆盖区域的再制造企业的需求信息，利用数据挖掘、智能预测等技术，规划自身的产品回收种类及数量，增加定向提供等服务，以降低运营成本并提高服务水平。在获得授权的前提下，回收中心也可开展废旧产品拆解、清洗、检测等服务，直接向再制造企业提供再制造加工所需的各种废旧产品或其零部件，以提高再制造企业的生产加工效率[4]。

2. 智能再制造生产

再制造生产过程不同于新品生产，面临着众多的问题。目前关于再制造生产的研究热点在于再制造生产影响因素及模式的分析、针对原始设备制造商(original equipment manufacturer，OEM)的再制造生产决策、再制造生产需求预测、再制造生产最优批量、再制造生产系统设计、再制造生产计划制订、再制造生产调度、再制造库存控制策略及优化、再制造质量水平决策及控制策略等[5~7]。

智能再制造生产要解决的问题是提高再制造生产系统的柔性，主要从硬件和软件两个角度开展，如图 1.8 所示。硬件是指提高再制造生产设备的柔性，多采用数控设备和柔性制造系统，增加生产设备可加工工艺、产品或零部件的种类，同时缩短产品或零部件生产加工的转换时间。软件是指管理方面，可采用成组技术和并行工程，利用某些特征的相似性对待加工零部件进行归类，组织同类加工。

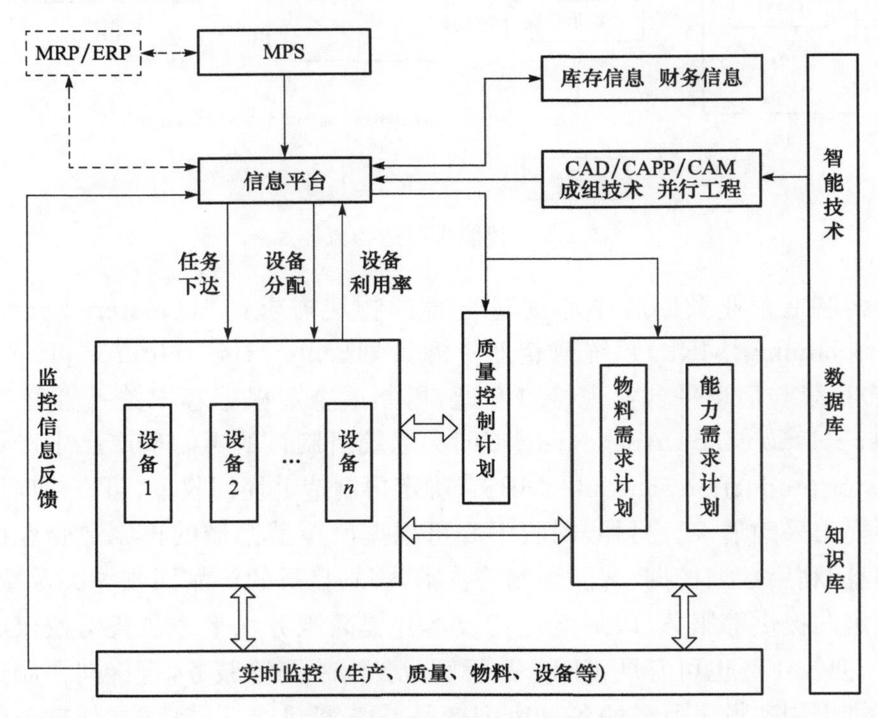

图 1.8　智能再制造生产体系

CAD. 计算机辅助设计；CAPP. 计算机辅助工艺加工；CAM. 计算机辅助制造

开展智能再制造生产可以利用物联网、云计算等技术构建再制造虚拟企业，如图 1.9 所示。为了节约成本，一家再制造企业不会购买所有的再制造生产加工设备，而是根据自身的技术优势及市场空间选择对自己最有利的设备。在产业集聚化发展的形式及前提下，再制造产业园区（或其他集聚方式）可以看成一个再制造虚拟企业，各家再制造企业提供自己的设备，构建再制造设备物联网，搭建信息集成平台，实现信息共享。平台供应商可以通过与再制造企业、再制造回收企业等的信息系统接口读取相关再制造信息，利用云计算等技术对再制造生产加工进行设备选择及任务分配，提供优先权调度、工艺多样化选择及调整等功能，信息平台具有自学习、自适应功能，拥有较强的自组织能力。在再制造虚拟企业的生产任务分配及处理等过程中也可选择多智能体系统(multi-agent system，MAS)，利用基于客户机与服务器(client/server，C/S)的网络架构对解决问题的方案进行分析和确定，利用多种传感技术手段对生产过程进行实时监控和决策。

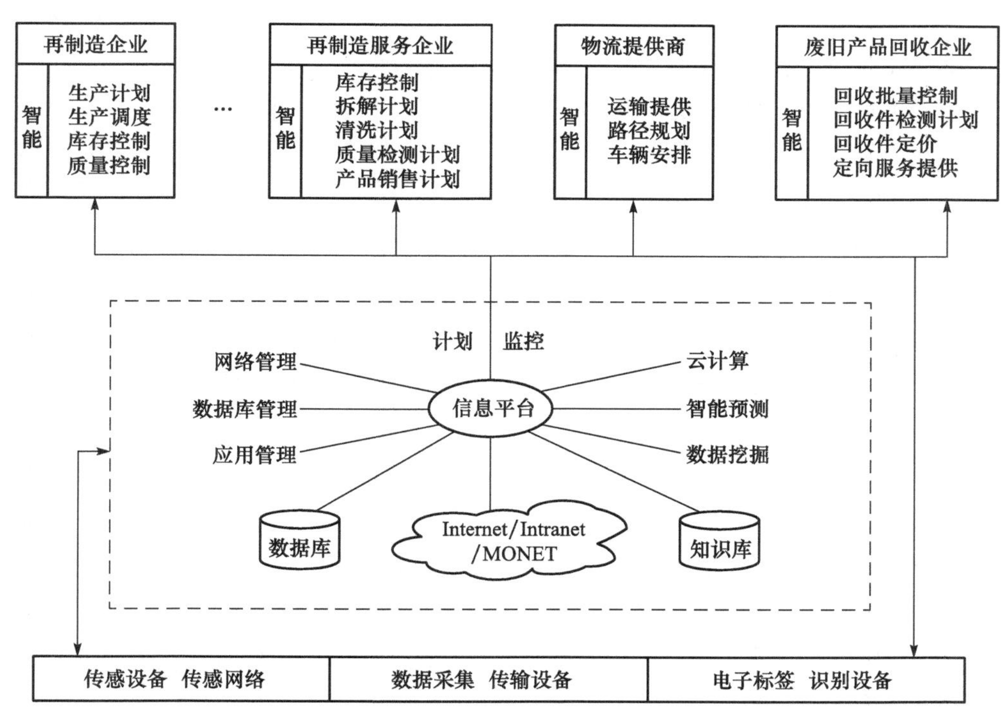

图1.9　再制造虚拟企业

Internet. 互联网；Intranet. 物联网；MONET. 移动网

3. 智能再制造加工技术与设备

再制造产品的质量特性应不低于原型新品，先进的智能再制造加工技术及设备是确保再制造产品质量的重要条件。智能再制造技术包括废旧装备及其零部件尺寸恢复、性能提升直至重新装配和应用全过程中采用的智能技术手段的集成，智能再制造工程技术体系包括智能再制造无损检测技术、原位智能再制造成形技术、柔性再制造数字化加工技术、智能再制造零部件装配技术、智能再制造信息管理技术等[8]。

(1) 智能再制造无损检测技术。未来机械装备的结构复杂、材质多样、服役工况恶劣、零部件损伤失效形式多样，对服役装备零部件的智能无损检测与可靠性评估提出了巨大挑战。需要探索再制造零部件在力、磁、电、热等强物理场耦合作用下的劣化机制，研究提取能够表征劣化程度的关键特征量，建立特定类型废旧件的损伤信息数据库，研发基于数字超声、声发射/红外、多功能涡流/磁记忆等综合无损检测技术与装备，实现机械装备损伤零部件的智能定量无损检测和再制造可靠性评估。

(2) 原位智能再制造成形技术。未来机械装备零部件损伤形式复杂多样，以疲劳、蠕变、磨损、腐蚀、热损伤等为代表的失效形式对机械零部件的原位再制造成形提出巨大挑战。机械装备损伤零部件的原位智能再制造成形加工对象更复杂、前期处理更烦琐、质量控制更困难，需要研究面向再制造毛坯损伤的原位智能再制造成形技术与集约化材料体系，研究非对称、复杂曲面等结构零部件的再制造成形过程中自动化、智能化实时监控工艺对涂覆层均匀一致性及其与毛坯基体可靠结合的影响规律，实现再制造零部件的损伤控制和性能提升。

(3) 柔性再制造数字化加工技术。再制造实现在损伤零部件表面的薄弱部位制备耐磨、耐蚀或抗疲劳等不同功能的强化涂层，并满足其力学性能和精度要求。智能再制造数控加工系统具有加工工况(振动、负载、热变形)实时感知、智能负载监控、智能主轴/进给轴主动振动抑制、刀具磨/破损监控、空间几何误差与动态误差综合补偿、主轴/工作台热变形实时精确补偿、工件/刀具/机床加工安全智能保护、加工参数智能优化与选择以及基于网络(含物联网)的生产管理服务等功能，可实现表面再制造与三维立体再制造的智能化机械加工。

(4) 智能再制造零部件装配技术。装配直接影响再制造产品质量及使用寿命，基于智能机器人控制与信息化管理的智能再制造装配可实现再制造零部件的高效、高精密装配，满足复杂零部件的位置精度、尺寸公差等装配要求。

(5) 智能再制造信息管理技术。通过嵌入式智能芯片配置以及基于卫星通信的自动识别技术,可在再制造产品中嵌入定位系统模块,实现再制造毛坯智能检测、生产加工、销售服务、全寿命周期的智能化管理与全寿命服务,还可实现再制造产品数据快速、可靠、稳定地共享与交换,从而提升再制造产品运行的可靠性。

智能再制造加工技术体系如图 1.10 所示。

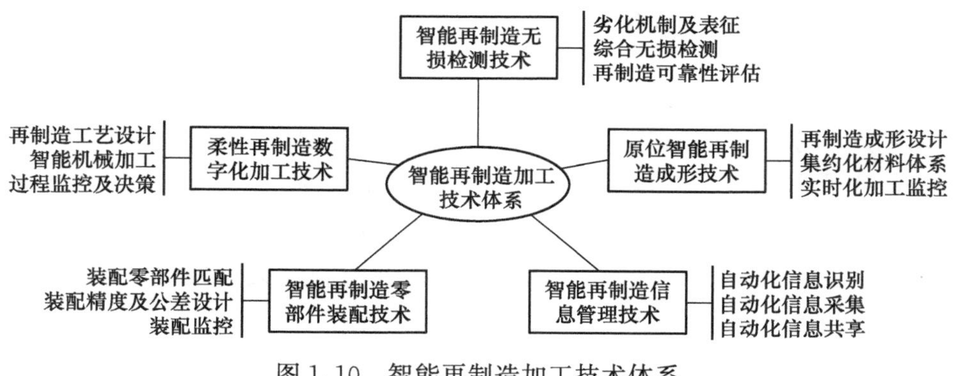

图 1.10　智能再制造加工技术体系

4. 智能再制造产品营销

智能再制造产品营销并没有改变营销的本质,主要是利用现代信息技术、智能技术开展的针对再制造产品的营销活动,包括再制造产品市场需求分析与预测、再制造产品定位与定价、再制造产品销售与渠道管理及再制造产品售后服务等内容。目前关于再制造产品营销的研究热点集中于再制造毛坯回收量预测、再制造产品最优定价策略和再制造产品销售策略等[9~13]。

智能再制造产品营销应结合现代网络信息技术及电子商务的发展,构建再制造产品电子商务和信息平台,积极宣传再制造产品,为再制造产品营销提供各种有用信息。首先,建立再制造产品电子商务平台,对再制造产品进行宣传和销售。其次,在电子商务平台的基础上建立客户管理系统,再制造企业可与顾客实现实时互动,开展顾客满意度测评,及时了解顾客对再制造产品的需求及再制造产品的使用状况。再次,利用大数据、数据挖掘等技术,对再制造产品市场进行分析了解,准确把握顾客群体及市场所在,确定目标市场,结合智能再制造物流体系进行回收量预测,并结合再制造企业的发展策略及盈利目标对再制造产品进行最优定价,及时向目标市场提供有关产品信息。当用户在使用中出现质量问题时，信息平台可准确收集相关信息，并利用后台的数据库、知识库、专家系统等功能进行智能决策，提供相关解决方案；同时，可利用各类平台将收集到的信息反馈给再制造企业，对产品的失效过程进行动态追溯，确定失效的原因及改进方法，用于再制造企业的质量改进。

1.3.3　智能再制造工程体系发展

发展智能再制造工程并不是某一个企业的行为，应在全社会范围推进，可以利用国家相关政策的支持以及信息技术、智能技术的发展机会，以产业园区或产业聚集区为试点开展[14]。考虑到中国再制造工程的发展实际，要开展智能再制造工程，当前的主要任务是推进再制造服务企业发展、加强再制造信息平台建设、研发推广自动化的高柔性再制造关键技术设备、提高企业现代管理水平和积极争取国家政策的支持。

1）推进再制造服务企业发展

再制造服务企业包括再制造毛坯回收企业、物流提供商、各级库存提供商、废旧产品拆解企业、废旧产品及其零部件清洗企业、废旧产品及再制造产品质量检测企业、再制造生产技术提供商、再制造装备生产企业、再制造加工材料提供商和再制造产品销售商等，努力做到再制造企业与再制造服务企业合作发展，构建完善的再制造供应链网络，实现共赢。

2）加强再制造信息平台建设

再制造信息平台应涵盖市场需求分析、废旧产品回收、再制造加工、再制造产品销售、再制造产品售后服务的全过程，包含电子商务功能，应是再制造企业、再制造服务企业及顾客三者实现信息共享、需求发布、任务分配等功能的平台，企业应将自身的信息系统与信息平台建立接口互通。再制造信息平台的建设主体可以是再制造企业，也可以是再制造服务企业，应融合人工智能技术、数据库/知识库技术、计算机技术，具有友好的操作使用界面。

3）研发推广自动化的高柔性再制造关键技术设备

自动化高柔性的再制造设备包括清洗设备、拆解设备、生产加工设备、装配设备、质量性能检测设备和废弃件处理设备等。设备要具有一机多能、应变能力强、综合利用率高、自动化水平高、转换时间短和成本低等特点，并具有较强的推广应用潜力。

4）提高企业现代管理水平

智能再制造工程大量使用智能技术，但仍应体现人的根本作用。企业应根据智能再制造工程体系的要求，运用现代企业管理方法，改革组织结构体系、改善运营秩序、整合企业元素，以实现人机协调，顺应智能化管理要求。

5）积极争取国家政策的支持

再制造产业作为国家支持的新兴产业之一，已获得良好的发展，但在社会、产业、企业、技术等层面存在若干问题，应积极争取国家层面的激励措施，尽快出台加快智能再制造发展的指导意见，编制发展规划，明确发展目标和关键环节，为智能再制造的发展提供有力支撑。

1.4　再制造工程发展趋势

再制造作为我国21世纪重点发展起来的新方向，以节约资源能源、保护环境为特色，以综合利用信息技术、纳米技术、生物技术、人工智能技术等高科技为核心，充分体现了具有中国特色自主创新的特点。再制造高度契合了构建循环经济、实施节能减排的战略需求，必能为循环经济和节能减排的贯彻实施做出更大贡献。放眼未来，中国的再制造应从三个方面予以重点突破，即探索再制造的科学基础、创新再制造的关键技术、制定再制造的行业标准。

(1) 探索再制造的科学基础，推动智能再制造的发展。即深入探索研究以产品全寿命周期理论、废旧零部件和再制造零部件的寿命评估预测理论等为代表的再制造基础理论，以揭示产品寿命演变规律的科学本质。再制造是来自实践的工程科学，经验性更强。废旧零部件的剩余寿命是否足够？再制造零部件的使用寿命是否可保持一个完整的服役周期？这样一些重大问题，由于缺少理论依据，有时仅凭简单的检测设备，甚至只靠检测人员的目测或经验判断来完成。为解决这个重大难题，必须探索研究更多更有效的无损检测及寿命预测理论与技术。目前的研究已经初具成效，在研究金属磁记忆理论评估剩余寿命时，发现金属磁记忆信号实质是铁磁材料表面的杂散磁场信号，通过梳理归纳金属磁记忆信号在疲劳损伤作用下的分布特征和变化规律，利用金属磁记忆信号法向分量初步构建了表征铁磁材料类废旧零部件疲劳裂纹萌生及扩展的剩余寿命预测模型；在研究声发射理论预测服役寿命时，通过典型声发射信号特征参量的甄选及其指代信息分析，获得真实准确地反映再制造零部件表面涂层内部微裂纹萌生、扩展及断裂等信息，初步实现对再制造零部件表面涂层寿命演变规律的把握。

今后在继续深化上述理论与技术的前提下，还需探索新的理论与技术，融合智能再制造技术及其内涵，方便快捷地表征再制造产品寿命规律。

(2) 创新再制造的关键技术，即不断创新研发用于再制造的先进表面工程技术群，使再制造零部件表面涂层的强度更高、寿命更长，确保再制造产品的质量达到或超过新品。先后成功开发纳米表面工程技术和自动化表面工程技术，前者包括纳米颗粒复合电刷镀技术、纳米热喷涂技术、纳米减摩自修复添加剂技术等，后者包括自动化电弧喷涂技术、自动化纳米颗粒复合电刷镀技术等。纳米表面工程技术的核心是利用纳米颗粒材料的小尺寸效应，通过在涂层或添加剂中的均匀、弥散分布，实现纳米颗粒与基质金属间原子尺度的化学键结合，从而显著提高涂层的强度学和摩擦学性能；自动化表面工程技术的核心是利用机器人或操作机来取代手工操作，通过自动规划路径，实时反馈调节涂层成形工艺参数，实现表面涂层制备的自动化、智能化。上述技术已应用于发动机再制造生产线，例如：纳米颗粒复合电刷镀技术成功修复了进口飞机发动机压气机叶片，300h 台架试验满足使用要求，突破了国外进口产品的国产化维修技术瓶颈，再制造费用仅是国外技术费用的 1/10；自动化电弧喷涂技术用于重载汽车发动机缸体、曲轴箱体等零件的再制造，单件发动机箱体的再制造时间由 90min 缩短为 20min，且材料消耗仅为零件本体重量的 0.5%，费用投入不超过新品价格的 10%。下一步除了继续完善纳米表面工程技术和自动化表面工程技术外，还需开发生物表面工程技术等新的研究方向。

(3) 制定再制造的行业标准，即尽早建立系统、完善的再制造工艺技术标准、质量检测标准等体现再制造走向规范化的标准体系。国内再制造起步较晚，再制造企业技术积累少，再制造标准缺乏，因而在一定程度上阻碍了再制造的广泛应用。2008 年，国家标准化管理委员会批准成立了全国绿色制造技术标准化技术委员会再制造分技术委员会。该委员会相继制定并出台了“再制造概念、术语”和“再制造率的概念及评估方法”等共性基础标准。同时,国内相关高等院校和再制造企业联合制定了“再制造技术工艺标准、再制造质量检测标准、再制造产品认证标准”等多类标准草案,包括再制造发动机工艺流程标准、发动机再制造产品性能评价与质量检测标准、废旧发动机零件剩余寿命评估标准、再制造的关键零件(曲轴、缸体、凸轮轴、连杆轴等)质量检测标准、再制造发动机试车考核标准等。下一步应深化再制造标准内涵,制定出具有良好通用性和可操作性的标准方案。

参考文献

[1] 徐滨士,马世宁,刘世参,等.绿色再制造工程设计基础及其关键技术[J].中国表面工程,2001,14(2):12-15.

[2] 徐滨士,董世运,朱胜,等.再制造成形技术发展及展望[J].机械工程学报,2012,48(15):96-105.

[3] Lu Z Q,Bostel N. A facility location model for logistics systems including reverse flows:The case of remanufacturing activities[J]. Computers & Operations Research,2007,34(2):299-323.

[4] Alshamsi A,Diabat A. A reverse logistics network design[J]. Journal of Manufacturing Systems,2015,37(3):589-598.

[5] Naeem M A, Dias D J, Tibrewal R, et al. Production planning optimization for manufacturing and remanufacturing system in stochastic environment[J]. Journal of Intelligent Manufacturing,2013,24(4):717-728.

[6] Ahiska S S,Kurtul E. Modeling and analysis of a product substitution strategy for a stochastic manufacturing/remanufacturing system[J]. Computers & Industrial Engineering,2014,72(4):1-11.

[7] Kouedeu A F,Kenné J P,Dejax P,et al. Production planning of a failure-prone manufacturing/remanufacturing system with production-dependent failure rates [J]. Applied Mathematics,2014,5(10):1557-1572.

[8] 徐滨士.装备再制造工程[M].北京:国防工业出版社,2013.

[9] Vercraene S,Gayon J P,Flapper S D. Coordination of manufacturing,remanufacturing and returns acceptance in hybrid manufacturing/remanufacturing systems[J]. International Journal of Production Economics,2014,148:62-70.

[10] Cai X Q,Lai M H,Li X J,et al. Optimal acquisition and production policy in a hybrid manufacturing/remanufacturing system with core acquisition at different

quality levels[J]. European Journal of Operational Research, 2014, 233(2): 374-382.

[11] Jena S K, Sarmah S P. Price and service co-opetiton under uncertain demand and condition of used items in a remanufacturing system[J]. International Journal of Production Economics, 2016, 173: 1-21.

[12] Li X, Li Y J, Cai X Q. Remanufacturing and pricing decisions with random yield and random demand[J]. Computers & Operations Research, 2015, 54: 195-203.

[13] Wen H J, Liu M Z, Liu C Y, et al. Remanufacturing production planning with compensation function approximation method[J]. Applied Mathematics and Computation, 2015, 256: 742-753.

[14] 李恩重,史佩京,徐滨士. 我国再制造政策法规分析与思考[J]. 机械工程学报, 2015, 51(19): 117-123.

第 2 章　电弧喷涂再制造技术

电弧喷涂表面工程技术是再制造工程的关键支撑技术之一，它可以制备出优于本体材料性能的表面功能薄层，在恢复零件尺寸的同时，进一步提升零件的表面性能，因而被广泛应用于装备的防腐蚀、耐磨损等领域[1~4]。但是，传统的电弧喷涂是通过人工控制喷涂工艺参数，其控制精度低、涂层质量不稳定，且作业环境恶劣，长期以来被认为是粗放型的维修技术，在很大程度上影响了电弧喷涂技术的质量及其发展。近年来，作者将智能控制技术、逆变电源技术、数值仿真技术、高速燃气喷涂技术等进行综合集成，研制新型自动化电弧喷涂设备，并基于高速电弧喷涂设备效率高、稳定性好的优点，在材料制备与成形一体化思路指导下研究新型涂层及工艺。将传统的电弧喷涂技术提升为喷涂工艺与涂层质量精确可控的先进高效维修技术，对解决装备零部件的批量化再制造难题，以及满足零部件的长效防腐与高效耐磨等高性能要求具有重要意义。

2.1　电弧喷涂原理及特点

电弧喷涂技术最初由瑞士的 Schoop[5] 于 1920 年提出构思，经历了近百年的发展历程，它作为高效率、高质量、低成本的一项热喷涂工艺，应用领域不断扩大，取得了显著的效益。

1. 电弧喷涂原理

电弧喷涂将两根彼此绝缘，机械均匀送进的喷涂线材送入雾化气流区的某一点，喷涂线材间通以 18～40V 电压，引燃的电弧使线材端部加热熔融并达到过热状态，强烈的压缩气体雾化气流使熔融的金属雾化、喷射并以微粒方式以 100～200m/s 的高速度冲击到经过预先处理的工件表面上。这些温度很高的粒子在工件表面上因高速冲击而变形，形成叠层薄片，并发生冶金反应或出现扩散区，随着冷却，最终形成层状结构的涂层。图 2.1 为电弧喷涂示意图。常规的电弧喷涂通常使用压缩空气作为雾化气体。

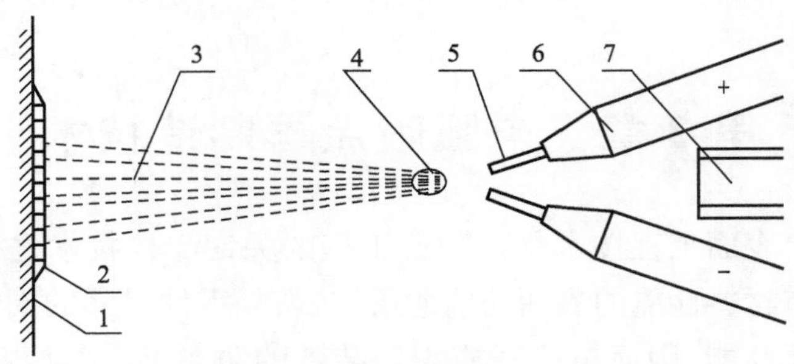

图 2.1 电弧喷涂示意图

1. 工件；2. 涂层；3. 喷涂束；4. 电弧；5. 喷涂线材；6. 导电嘴；7. 压缩气体喷嘴

2. 电弧喷涂主要特点

1）生产率高

电弧喷涂的生产率与喷涂电流成正比，由表 2.1 可知，当喷涂电流为 300A 时，每小时可喷涂各种钢丝的质量约为 15kg，可喷涂锌的质量约为 30kg，相当于火焰喷涂的 4～5 倍。

表 2.1 各种材料的电弧喷涂生产率

喷涂材料	每 100A 的生产率/(kg/h)	喷涂材料	每 100A 的生产率/(kg/h)
锌	10	钢	4.7～5.1
铝	2.7	80/20NiCr 合金	5.4
巴氏合金	20～28	钼	3
青铜	6.2～6.8		

2）结合强度高

涂层的结合强度取决于喷涂时粒子的热能与动能。电弧喷涂时粒子尺寸较大，这些粒子在 6000K 高温的电弧区得到了充分加热，足够的热能与动能使这些粒子能沿工件表面有充分变形的趋势，能够与工件发生局部冶金结合，所以电弧喷涂具有较高的结合强度与内聚强度。一些材料如镍铝合金丝、铝青铜、管状线材在电弧喷涂时呈现出自黏结性能，其结合强度可达 25～50MPa。

3）成本低

电弧喷涂是热喷涂方法中能源利用最充分的方法之一，其利用率可达 57%，而丝材火焰喷涂为 13%，大气等离子喷涂（APS）为 12%。由于低能耗降低了喷涂成本，电弧喷涂时的电费只相当于火焰喷涂时氧气、乙炔费用

的 1/20～1/15。各种热喷涂方法的成本对比如图 2.2 所示。

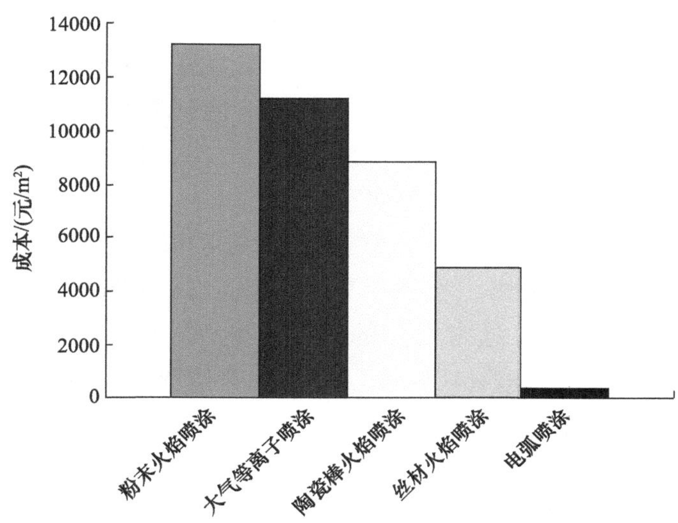

图 2.2　各种热喷涂方法的成本对比

4）喷涂质量稳定

电弧喷涂时所有粒子均由线材经电弧熔化雾化而成，粒子得到充分而均匀的加热。粉末火焰喷涂时火焰温度较低而且分布不均匀，为使粒子充分加热常要限制粒子的飞行速度，这会导致涂层质量下降。大气等离子喷涂时也需要各工艺参数良好配合及严格控制才能保证涂层的高质量。在一些不适宜严密控制喷涂工艺参数的现场，电弧喷涂不仅移动方便、操作简单，还可以在较宽松的喷涂条件下得到可靠的涂层质量。

5）安全性高

电弧喷涂通常只使用电和压缩空气，不使用氧气、乙炔等易燃气体，安全性较高。

2.2　电弧喷涂工艺

电弧喷涂工艺主要包括表面预处理、涂层质量控制和后处理三个方面。

2.2.1　表面预处理

表面预处理是电弧喷涂工艺中一项非常重要的工作，包括表面清洗、表面预加工、表面粗糙化等方面。通常表面清洗和表面粗糙化可在一个工序内完成。

表面清洗的主要目的是将待喷涂表面除油、去污、除锈等。普通的表面处理方法（如电镀、镀锌、热浸锌等）一般用酸洗的方法进行表面清洗，如果用这种方法进行电弧喷涂表面清洗，不仅不能使待喷涂表面粗糙化，而且容易造成环境污染，现在已逐渐减少使用酸洗的方法进行表面清洗。由于喷砂方式既可以去除待喷涂表面的油污、锈蚀、氧化层等，还可以使待喷涂表面粗糙化，是目前应用最广泛的方法。可以说，喷砂几乎适合所有喷涂方式表面处理前的预处理工作。喷砂材料（也称磨料）的选用可根据工件的尺寸、形状及硬度来决定。通常使用的磨料有刚玉砂、石英砂、建筑砂、钢砂、铜矿渣等。磨料粒度一般在14～40目内，特殊情况也可选用更粗或更细的磨料。喷砂所用压缩空气的压力为0.4～0.7MPa。磨料一定要洁净、锋利、多角。喷砂粗化程度应按国家标准执行，至少应达到Sa2.5级。检验粗化等级可以用专用的粗糙度仪，也可以凭经验在较强光线下从各个角度观察被喷砂表面，如果没有反射亮斑，即为合格。喷砂时使用的压缩空气必须无水、无油，喷砂完毕后用洁净的压缩空气将表面喷吹干净，去除尘土。完成喷砂工艺的工件最好在8h内进行电弧喷涂，喷砂后的表面禁止用手触摸，特别是在搬运过程中一定要保持喷砂表面的洁净。

由于电弧喷涂可以进行轴类及壳体类零件的修复，在修复之前必须对工件表面进行预加工，也就是要将工件表面磨损部位用车（适合于轴类）或铣、刨（适合于平面）的方式加工平整，然后经表面粗化处理，喷涂上所需金属。表面预加工量视涂层厚度而定，一般要求在工件最大磨损量以下的0.1～0.25mm。预加工时应特别注意边角的过渡。喷涂涂层边缘，特别是锐边，有可能使喷涂涂层剥落，所以边角处应加工成较大的圆角或倒角。平面预加工时，应将磨损最大处作为中心，向四周切削超过磨损部位较大的预加工面，中心处可以有较大的加工量，向四周扩散时逐渐平滑过渡到正常表面处，避免产生直角，造成边缘与正常表面结合处产生缝隙。电弧喷涂后，工件可以进行机加工，但最佳方法是磨削。

2.2.2 涂层质量控制

1. 涂层致密度

电弧喷涂的涂层致密度由熔化的金属粒子大小决定。金属粒子大则涂层表面粗糙，致密度不好；金属粒子小则涂层表面细密，致密度好，但并不是金属粒子越小越好。由于涂层质量还涉及涂层的结合强度，如果金属粒子非常小，则涂层的结合强度将会降低，而且也容易造成金属粒子碳化，变成氧化物，从而无法与工件结合。影响涂层致密度的因素主要是压缩空气的压力和流量，同时也与喷涂枪喷嘴的形状有关。以CMD-AS3000型电弧喷涂枪喷嘴为例，其结构设计比较合理，通过喷涂枪内的气室可以将两根金属丝材的端部完全包覆于压缩空气射流中，此时，如果压缩空气的压力、流量合适，金属丝材熔化时产生的熔滴就可以被很好地雾化，金属粒子尺寸就会明显降低，涂层组织也会细化，从而达到理想的致密度要求。电弧喷涂时压缩空气的压力一般为0.5～0.7MPa，空气流量为1.6～4.0m^3/min。

2. 涂层的结合强度

电弧喷涂涂层的结合强度取决于以下因素：压缩空气压力、压缩空气流量、待喷涂表面的预处理程度、喷涂枪相对于工件表面的距离、电弧喷涂工作的电流和电压。

提高压缩空气的压力可以增加金属粒子的撞击力，在金属粒子撞击工件表面时增大变形量，从而提高涂层的结合强度。提高压缩空气的流量同样可以提高涂层的结合强度。

表面预处理是电弧喷涂工作的重要环节，因此要提高涂层与基体的界面结合强度，必须做好表面预处理。涂层与基体界面结合强度不高的主要原因就是表面预处理效果不好，人们只重视电弧喷涂本身，却忽视了表面预处理。在用喷砂方式进行除油、除锈及表面粗化时往往不能正确地选择合适的砂料，而且不能正确地调节压缩空气的压力和流量，甚至有时喷出的压缩空气中含有水气、油气，这些都会造成表面预处理程度较差，达不到电弧喷涂的要求。此外，在进行表面预处理时均按要求工作，预处理效果也很好，但是不注意对预处理表面加以保护，在放置或搬运时造成二次污染，使处理过的表面重新沾上油污、水气和粉尘等，电弧喷涂时仍属于不合格表面。

喷涂枪相对于工件表面的距离会影响涂层的结合强度。距离增加会降低金属粒子的喷射速度，距离越大，金属粒子的喷射速度越慢，飞行距离越长，也就增加了金属粒子的氧化程度，氧化物比例过高，会造成涂层的结合强度下降。电弧喷涂枪相对于工件表面的距离一般应为 150～200mm。

电弧喷涂时的工作电流和电压对涂层的结合强度也会产生影响。提高电压固然可以保证电弧稳定，提高电流固然可以增加电弧喷涂的生产率，但是并不是电压、电流越高越好。电压、电流过高还可能造成金属的烧损，增加氧化物，从而降低涂层的结合强度。因此，一定要根据金属丝材的材质和涂层要求，确定电弧喷涂时的电流和电压。

3. 涂层硬度

电弧喷涂过程中，涂层硬度的提高是由金属粒子附着在工件表面时压缩空气对其快速冷却而使金属组织发生变化来决定的。一般来说，影响涂层硬度的因素包括:金属丝材的化学成分、喷涂枪相对于工件表面的距离、压缩空气的压力和流量、喷涂电压和电流等。

金属丝材的化学成分对涂层硬度的影响很大。金属丝材硬度越高，涂层硬度也会越高。当然，任何金属丝材在电弧喷涂时都会有部分碳烧损和氧化现象，如果一味地提高电流和电压，就会使碳烧损和氧化量增加，涂层硬度也会降低。适当地提高压缩空气的压力和流量可以加速金属粒子冷却，提高涂层硬度。

另外一个容易混淆的概念是涂层硬度测量方法的选择。一般使用硬度仪来测量涂层硬度，当涂层喷好后，经机加工将表面抛光，然后选择多点用硬度仪测量出平均硬度值。但是，这样测量的结果并不准确，也就是说，测量的并不是涂层硬度，而是涂层与工件的结合硬度。由于涂层较薄，且工件一般均为普通碳素钢等硬度较低的金属，当使用硬度仪“打”硬度时，通常会将涂层和工件的硬度一起“打”出来，此时的硬度是涂层与工件的结合硬度，与涂层本身的硬度相比会降低很多。因此，测量涂层硬度时应将涂层剥离，或将涂层附着在相对硬度相同或高于涂层材料硬度的工件上时进行测量。

4. 电弧喷涂工艺参数

由于金属丝材的材质不同，熔点、硬度也不相同，在进行电弧喷涂时要根据丝材的材质选择工作电压和电流。一般来说，硬度和熔点较低的金属丝材使用的工作电压和电流也相对较低；硬度和熔点较高的金属丝材使用的工作电压和电流也相对较高。表 2.2 为电弧喷涂工艺参数。

表 2.2　电弧喷涂工艺参数

丝材名称	工作电压/V	工作电流/A	压缩空气压力/MPa	压缩空气流量/(m^3/min)
锌	28	150	>0.5	>1.6
铝	34	180	>0.5	>2.0
不锈钢	37	250	>0.5	>2.0
铜	37	250	>0.5	>2.0
碳钢	32	200	>0.5	>2.0
管状丝材	38	250	>0.5	>2.0

2.2.3　电弧喷涂后处理

电弧喷涂时金属丝材熔化成极微小的金属粒子，涂层往往会有 2%～8%的孔隙。由于孔隙可能互相连接并从表面延伸到基体，造成基体不能完全与外界隔绝，使气体、液体等介质从孔隙渗入基体表面，引起涂层与基体界面处产生腐蚀，达不到长效防腐的目的。为了避免孔隙造成基体生锈，就要用封孔的方法将孔隙填充。

电弧喷涂封孔后处理一般有下列几种方法：

(1) 涂料涂敷法。它主要用于耐腐蚀涂层。利用涂料渗入涂层孔隙中，隔绝外部环境，进一步提高涂层对基体的保护效果。通常使用的涂料有清漆、环氧树脂等。

(2) 渗油法。它适用于有油润滑的涂层，目的是提高涂层的储油性能和润滑性能。一般在涂层温度为 60～90℃时用机油或润滑油涂刷在涂层表面。渗油还可以改善涂层的加工性能，并能防止磨削液渗入涂层中。

(3) 抗高温密封法。它主要用于使用温度超过 200℃的涂层，目的是改善涂层的抗高温氧化能力。一般可用硅酮树脂、无机硅酸盐料浆等。

(4) 重熔法。利用 1000～1300℃的高温将涂层二次熔化，也叫自熔法。有火焰重熔、炉内重熔、激光重熔、电感应加热重熔等方法。

(5) 浸渗处理法。利用铅、锡、银、铜纤料的低熔点特性，在 800～1000℃的真空炉或氢气炉内对涂层进行 1～2min 的浸渗，可以改善涂层的强度和耐磨性。

2.3 高速燃气-电弧复合喷涂

高速燃气喷涂是利用燃料在燃烧室内剧烈燃烧产生高速燃气加速、加热喷涂材料的一种重要的热喷涂技术。按助燃剂种类来分，高速燃气喷涂技术通常包括以氧气助燃的高速氧气火焰(high velocity Oxy-fuel，HVOF)喷涂和以空气助燃的高速空气火焰(high velocity air-fuel，HVAF)喷涂；按燃料的不同，高速燃气喷涂技术可分为气体燃料喷涂和液体燃料喷涂。

HVOF 喷涂技术适宜的燃料众多，如以丙烷、甲烷、丙烯、天然气、氢气等为代表的气体燃料和以煤油为代表的液体燃料。燃料和氧气在燃烧室完成快速的燃烧反应后，产生的燃气迅速膨胀，经特殊设计的拉瓦尔喷嘴加速后以超声速的速度推动喷涂粒子高速沉积，同时 HVOF 产生的火焰温度很高，如丙烷和氧气的理论燃烧温度可达 2800℃，因此可以加热熔化绝大多数包含金属和陶瓷在内的高熔点材料。HVOF 喷涂装置最早由 Browning[6,7] 发明。为了改善其喷涂性能，增大喷涂粒子的飞行速度，随后对 HVOF 喷涂枪进行了改进，从既无燃烧室也无加速喷嘴的开放式结构逐步完善成为现今的封闭式喷涂枪结构，燃烧室和加速喷嘴的共同作用使得其可以使用更大流量的氧气和燃料，焰流速度也显著提高，喷涂粒子的飞行速度达到 2 倍以上声速的水平。

HVOF 喷涂技术通常需要消耗大流量的氧气和燃料，工业应用成本也较高，气体燃料在运输、储存和使用过程中还存在爆炸的风险。为了摆脱对高成本氧气的依赖，以空气助燃的 HVAF 喷涂技术应运而生。HVAF 喷涂技术主要发展模式是以煤油和空气的燃烧方式，煤油通过高效雾化的喷嘴雾化成液滴，同时和压缩空气掺混后着火燃烧，为喷涂提供高温高速的燃气能量。HVAF 喷涂技术与煤油为燃料的 HVOF 喷涂技术在原理上存在相似之处，但是在具体的技术实现方法上却有很大的不同，这主要是因为煤油和空气的高速燃烧要比煤油和氧气之间的燃烧困难得多，具体包括：①HVAF 喷涂要求煤油具备更高质量的雾化效果；②在高速状态下实现煤油和空气的点火非常困难，例如，煤油燃料的 HVOF 喷涂使用火花塞就可点燃，而这用在 HVAF 喷涂上基本是不可行的；③煤油和空气的混合物着火后极易熄灭，需要专门的稳焰措施；④空气和煤油的混合比波动范围比较小,使得喷涂工艺参数的调节范围小。针对这些困难,提出了很多尝试解决的办法,也因此派生出一些新工艺,例如,Gorlach[8]使用汽车电热塞点燃煤油产生火焰,该方法需要煤油泵的压力满足汽车电热塞的工作要求,设计时需考虑匹配性和可靠性问题;为了提高空气和燃料的混合比,Baranovski等[9]研制出活性燃烧 HVAF 喷涂方法及设备,拓展了 HVAF 喷涂技术的研究和应用,该方法对活性燃烧核心装置——附着催化剂的多孔陶瓷材料性能要求较高。

电弧喷涂曾是工业应用中继高速燃气喷涂和等离子喷涂之后的第三大热喷涂技术。与 HVOF 喷涂和 HVAF 喷涂相比,电弧喷涂最大的优势就是生产效率高、设备投资和运行成本低,例如,使用碳钢丝作为喷涂材料的电弧喷涂效率可达 6~8kg/h,是 HVOF 喷涂和 HVAF 喷涂的 4 倍以上;空气雾化的电弧喷涂主要使用电能,其运行成本通常不到 HVOF 喷涂的1/10。但是电弧喷涂的最大瓶颈就是粒子沉积速度和涂层结合强度低、使用空气雾化时金属氧化严重,这些问题严重制约了该技术的进一步发展。鉴于此,Kosikowski 等[10]提出了 HVOF-Arc 复合喷涂方法,它是使用丙烯和氧气产生的高速燃气将两根或四根金属丝材经电弧熔化后加速雾化喷射,喷涂的粒子速度可达 300m/s 以上。Baranovski 等[9]还介绍了一种运用丙烷气体燃料和空气的活性燃烧气与电弧复合的喷涂方法及喷涂枪设备。这两种高速燃气-电弧复合喷涂方法都是利用气体燃料与氧气或空气燃烧产生的高速燃气加速雾化金属丝材,而气体燃料在运输、储存和使用时存在诸多不便,氧气作为助燃剂时运行成本较高。

为此,陈永雄等[11]提出了一种空气助燃煤油的高速燃气-电弧复合热喷涂方法及设备,一方面借助燃气的高能量提高电弧喷涂的雾化速度,同时减小空气电弧喷涂方法带来的严重氧化问题,整体上提升电弧喷涂涂层的质量;另一方面,提出空气助燃煤油的燃烧设计方案,可以充分利用煤油及空气的安全、便携和低成本的优势,弥补现有燃气与电弧复合喷涂技术的不足。

2.3.1 高速燃气-电弧复合喷涂用煤油雾化喷嘴

1. 雾化喷嘴结构方案

应用于高速燃气热喷涂的燃油雾化喷嘴有射流式喷嘴、离心式喷嘴、普通空气助力喷嘴和预膜式空气助力喷嘴。射流式喷嘴的结构和原理最简单,主要靠高压射流与空气的相互作用来雾化液流。离心式喷嘴主要利用射流的动力来进行雾化,只是其射流经过均匀分布在旋流室壁面上的切向进油孔使射流产生高速旋转,在离心力的作用下,燃油并不充满旋流室,而是形成一个与外界大气相通的空心涡螺旋前进,最后在喷口处旋转着呈环状膜喷出,在与空气的相互作用下产生雾化。普通空气助力喷嘴是在离心喷嘴旋流室的轴向通入高压空气(一级气流),并在喷嘴出口处,即环状膜的后方也通入高压空气(二级气流),液膜在内外两级空气的剪切力作用下发生雾化。由于有一级气流的辅助,空气助力喷嘴的供油压力可以大幅度降低。预膜式空气助力喷嘴是在离心式喷嘴的前部再加一部分结构,使离心油膜在雾化前喷到前部结构的内管壁面上形成油膜,并在内外两级旋向相反的高速气流的剪切作用下发生雾化。

由于喷涂枪的体积较小,且其复杂工件结构的加工难度较大,首先通过试验研究结构简单的喷嘴。根据喷涂枪的结构尺寸,加工相应大小的射流式喷嘴,并调整喷涂枪的结构。从雾化试验的结果来看,射流式喷嘴并不适合作为高速燃气-电弧复合喷涂枪的煤油雾化喷嘴。射流式喷嘴的雾化效果主要靠提高射流的速度来改善,而提高射流的速度需要提高供油压力,这对设备的要求偏高。离心式喷嘴可以基于利用离心力来改善射流结构,从而提高雾化效果,但对高速燃气-电弧复合喷涂的雾化效果仍不理想,若要改善雾化效果,只能采取与射流式喷嘴一样的方法——增大供油压力。最后,在对前两种雾化喷嘴研究的基础上,陈永雄等[12]自主开发了一种空气助力喷嘴。经过数次改进,其满足了雾化要求。

双气流空气雾化喷嘴主要用空气来为燃油提供动力,与靠液压来提供动力相比,空气作为雾化介质,从一开始就在主动破坏燃油的张力和黏性力。燃油首先贴着主腔室的壁面形成油膜,在主气流的推动下螺旋前进,油膜喷出喷口后副腔室流出的第二股空气也对燃油施以作用力,燃油在两股空气的综合作用下雾化得更彻底。

根据高速燃气-电弧复合喷涂枪的结构特点及尺寸,双气流空气雾化喷嘴主要由中心锥体和主、副腔体组成,其基本结构原理如图 2.3 所示。主腔体内壁面与中心锥体壁面构成主腔室,副腔体内壁面与主腔体外壁面构成副腔室,喷嘴工作时主、副腔室均通入压缩空气。主腔体与中心锥体相对应的壁面上附有进油孔，燃油从进油孔进入主腔室，在主腔体内壁面上铺展成油膜。主腔室的主气流对油膜进行加速，并将其带至喷口喷出，副腔室的辅助气流在喷口处与主气流和其携带的燃油相遇，发生剪切作用将燃油破碎、雾化。

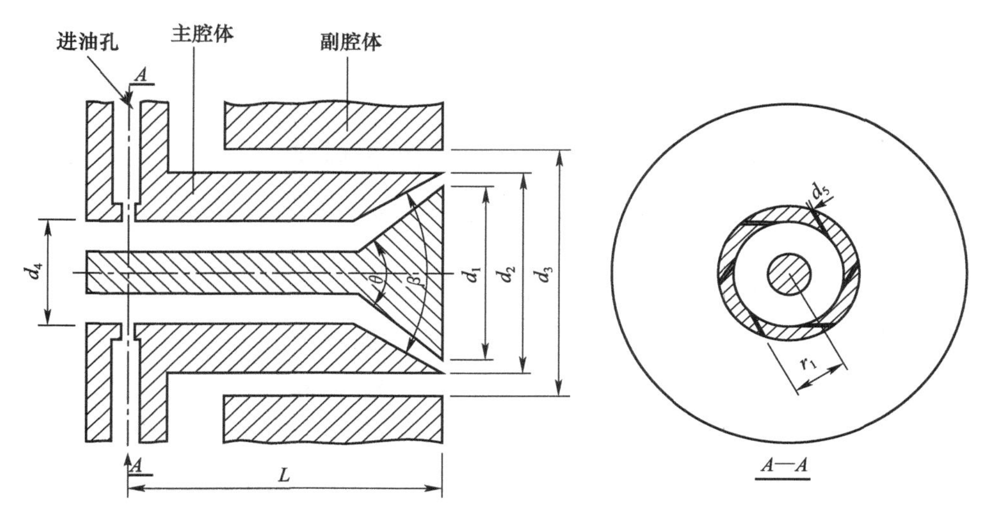

图 2.3　双气流空气雾化喷嘴结构原理图

2. 双气流空气雾化喷嘴结构参数的理论分析

如图 2.3 所示，影响喷嘴雾化性能的结构参数包括中心锥体锥头直径 d_1、主腔室出口直径 d_2、副腔室出口直径 d_3、主腔室入口直径 d_4、中心锥体锥端夹角 θ、主腔室出口张角 β、油孔与喷口距离 L、油孔直径 d_5、油孔轴线与喷嘴轴线距离 r_1 及油孔个数 n。其中，d_2 和 d_1 关系主气流的流量；d_3 和 d_2 关系二次气流的流量；d_5 和 n 关系燃油的流量；θ 关系油膜的破碎效果和形成喷雾的张角；L 和 β 关系油膜的稳定性，L 和 β 过大或过小都有可能造成油膜不能附壁运动而提前与主气流发生掺混。

燃油质量流量 m_f 为

$$m_f=\frac{\pi n d_5^2\mu}{4}\sqrt{\frac{r+1}{r}\rho_f(p_f-\delta p_{g1})} \tag{2.1}$$

式中，μ 为流量系数，取 0.6～0.8；r 为气体比热比；ρ_f 为燃油密度；p_f 为燃油进口压力；δ 为压力系数，取 0.85～0.95；p_{g1} 为主腔室气体进口压力。

主气流质量流量 m_{g1} 为

$$m_{g1}=\frac{\pi\varepsilon(d_2^2-d_1^2)p_{g1}}{4\sqrt{RT_{g1}}} \tag{2.2}$$

式中，ε 为系数，取 1.32～1.76；R 为摩尔气体常数；T_{g1} 为主气流温度。

二次气流质量流量 m_{g2} 为

$$m_{g2}=\frac{\pi\varepsilon(d_3^2-d_2^2)p_{g2}}{4\sqrt{RT_{g2}}} \tag{2.3}$$

式中，p_{g2} 为副腔室气体进口压力；T_{g2} 为辅助气流温度。

3. 双气流空气雾化喷嘴结构的关键尺寸参数

燃油的燃烧需要与空气中的氧发生化学反应，根据化学知识可以得出一定量的燃油完全燃烧所需要的空气的量。实际上的空气供给量与理论上所需要的空气的量的比值称为过量空气系数，记为 α。由于喷入燃烧室的雾化燃油不可能在短时间内与空气完全混合均匀，而持续的高效燃烧又是燃烧室内快速产生大量燃气的必然要求，为了保证有充足的氧分子与燃油接触，实现燃油的充分燃烧，必须使实际通入燃烧室的空气量大于理论上满足燃烧需要的量。显然，$\alpha>1$，且过量空气系数这样的设计，将允许空气供给量有较大的调整弹性。

但过量空气系数也不是越大越好，如果 α 过大，进入燃烧室的空气过多，大量的过剩空气会在排气时带走较多的热量，降低燃烧室的温度。这样会导致燃气在短时间内体积膨胀量减少，从而降低燃气的喷射速度，影响燃气对熔融电弧喷涂丝材的雾化加速。而且过量空气中的氧会氧化高温的熔融喷涂材料，降低燃气对材料的保护作用。

实践表明，燃烧系统总的热损失随过量空气系数的变化规律为下凹曲线(见图 2.4)，在某一 α 值时系统热损失最小。因此，应尽量选用接近这个最佳值的过量空气系数。根据经验，对于液体和气体燃料，最佳 α 约为 1.10。某种燃油的最高燃烧温度与过量空气系数的关系如图 2.5 所示。

考虑到实际的需要，高速燃气喷涂枪所需的燃油体积流量上限为

$$Q^*=16\text{L/h}=0.016\text{m}^3\text{/h} \tag{2.4}$$

质量流量上限为

$$m_f^*=12.98\text{kg/h}=0.0036\text{kg/s} \tag{2.5}$$

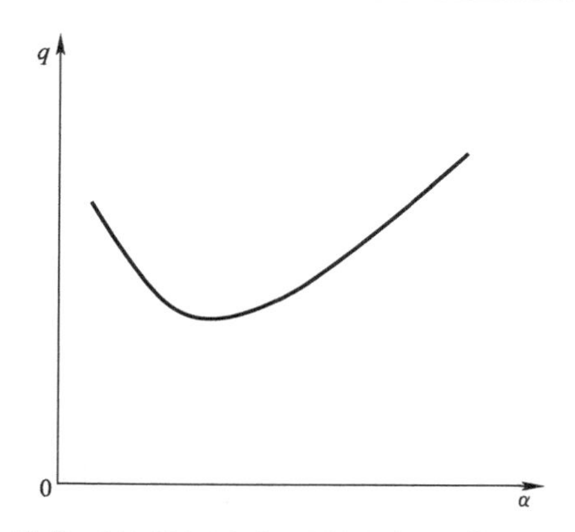

图2.4　燃烧系统热损失与过量空气系数的关系示意图

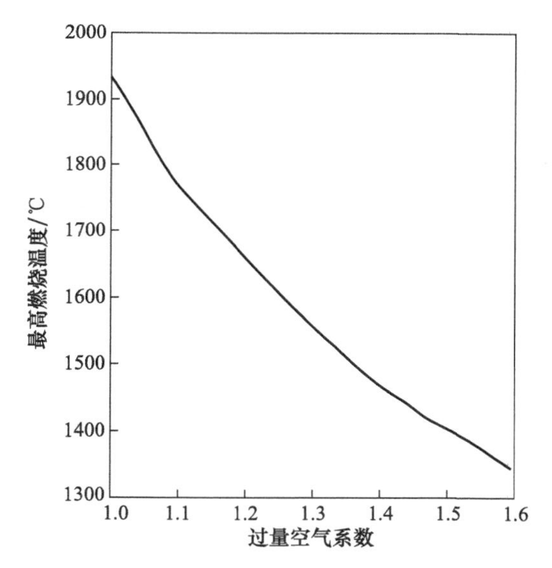

图2.5　某燃油最高燃烧温度和过量空气系数的关系

煤油的理论空燃比为14.7[13]，因此理论上空气质量流量的上限为

$$m_g^* = 0.053\text{kg/s} \tag{2.6}$$

而实际上，空气质量流量的上限应为

$$m_g^{*\prime} = \alpha m_g^* = 0.0583\text{kg/s} \tag{2.7}$$

设定供气压力上限为0.7MPa，主腔室进气口气体压力与副腔室进气口气体压力相等。经过反复理论计算和试验验证，最终得出雾化喷嘴结构参

数最佳范围,其中中心锥体锥头直径 d_1 为 8～20mm,主腔室出口直径 d_2 为 8.3～20.5mm,副腔室出口直径 d_3 为 9～21.5mm,主腔室入口直径 d_4 为 6～18mm,中心锥体锥端夹角 θ 为 60°～120°,主腔室出口张角 β 为 70°～110°,油孔与喷口距离 L 为 10～30mm,油孔直径 d_5 为 0.1～0.5mm,油孔轴线与喷嘴轴线距离 r_1 为 2.9～8.9mm,油孔个数 n 为 4～10。

4. 双气流空气雾化喷嘴气流场的数值模拟

在提出基本喷嘴方案后,在优化设计过程中利用计算机模拟技术计算喷嘴的流场分布,并结合试验对模拟结果进行检验。计算时将高效雾化喷嘴内压缩空气的流动简化为轴对称湍流模型;空气视为理想气体,内壁绝对光滑,忽略气体与外界的传热,将流动当成定常绝热等熵可压缩流处理。基于标准 κ-ε 方程进行湍流计算。

数值模拟首先利用软件对物理模型进行网格划分和边界的属性设置(见图 2.6),将网格文件导入 FLUENT 软件之后,对边界条件进行设置,之后进行材料属性设置、求解模型选择、求解器设置等操作,在以上工作完成之后,进行计算的初始化,之后开始迭代求解,直至收敛,保存结果。在模拟不同结构参数和工作参数气流场时,可以相应地对物理模型和边界条件进行更改。

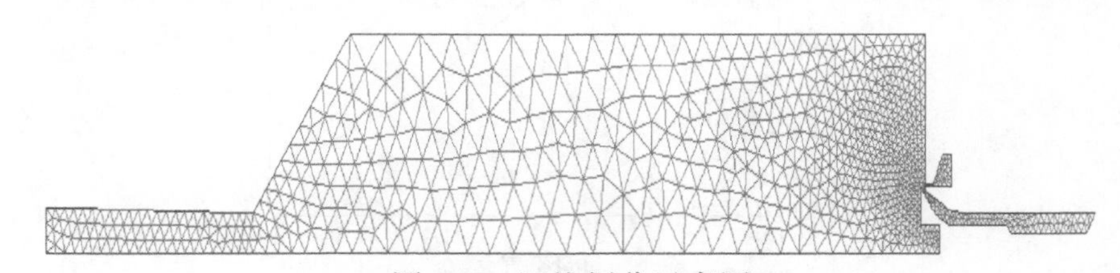

图 2.6　网格划分示意图

图 2.7 为进气口气体总压为 0.6MPa 时双气流空气雾化喷嘴气流场速度云图。可以看出,喷嘴气流场的分布特征为:①流出喷嘴的喷射气流先向斜上方扩展,而后向对称轴处收拢,最后沿对称轴向出口方向流动;②气流由扩展到收拢的运动路径形成弧状结构,该结构内靠近对称轴处有近似的空化结构,空化结构与弧状结构之间的区域是低速回流区。图 2.8 为双气流空气雾化喷嘴出口附近的气流场速度矢量图(在数据处理时,利用镜像功能将对称轴上半部图形“镜像”到了下半部),可清晰地看到低速回流区。低速回流区具有稳定燃烧火焰的作用。

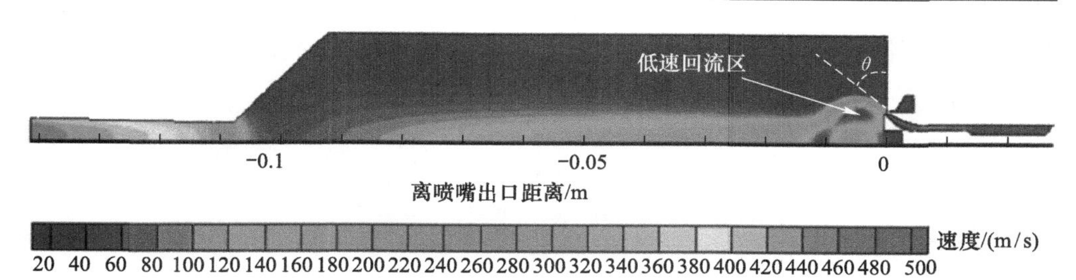

图 2.7　双气流空气雾化喷嘴气流场速度云图

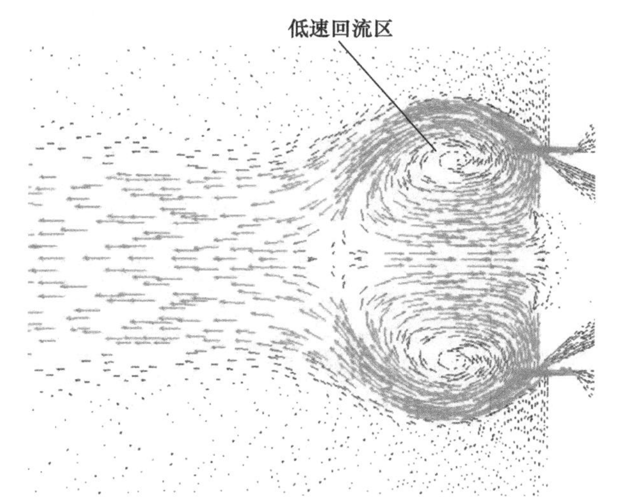

图 2.8　双气流空气雾化喷嘴出口附近的气流场速度矢量图

液体的雾化主要在喷嘴出口附近完成，因此喷嘴出口附近流场的特性至关重要。气流的喷射锥角和流动速度是反映此处流场特性的两个关键参数。气流喷射锥角的大小为 $2(90°-\theta)$。喷射锥角决定液体从喷嘴喷射后的散布程度，即决定了可用来支持液体燃料燃烧的空域大小。气流速度决定液体所受剪切力的大小，气流速度越大，液体受到的剪切力越大，雾化效果越好。

5. 辅助气流对雾化喷嘴气流场的影响

由前面分析可知，双气流空气雾化喷嘴的气流场结构理想，具有回流区，但双气流喷嘴中的辅助气流对气流场的作用效果并不清楚。因此，本节对无辅助气流时雾化喷嘴气流场进行分析，与前面对比，得出辅助气流的作用。

图 2.9 为无辅助气流时雾化喷嘴气流场速度云图。可以看出，其流场结构与双气流空气雾化喷嘴的相似，都具有弧状结构和空化结构。图 2.10 为无辅助气流时喷嘴出口附近的气流场速度矢量图。可以看出无辅助气流

时，喷嘴气流场也具有低速回流区。综上可知，辅助气流并不对喷嘴气流场结构起决定性作用。

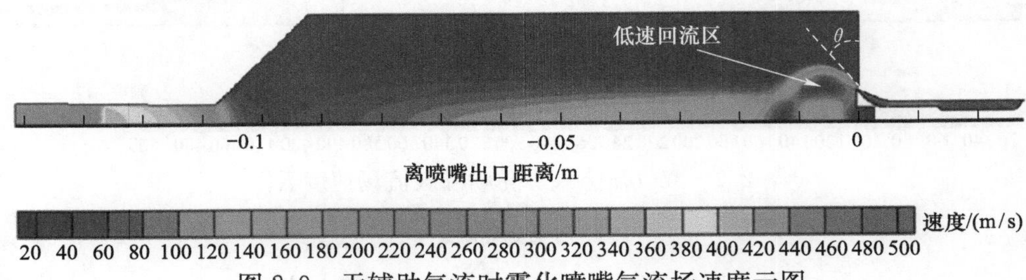

图 2.9　无辅助气流时雾化喷嘴气流场速度云图

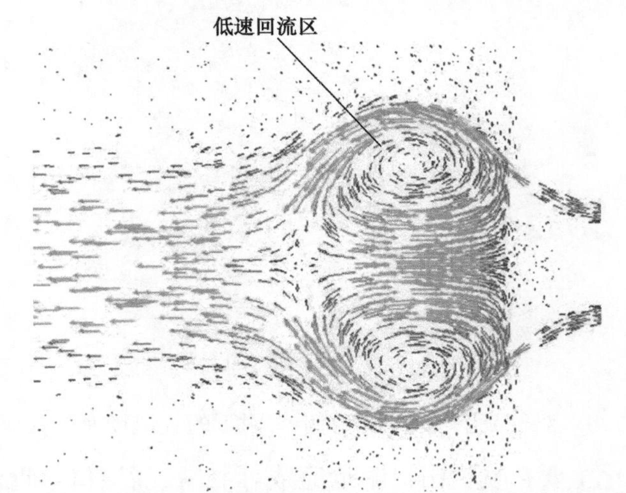

图 2.10　无辅助气流时喷嘴出口附近的气流场速度矢量图

图 2.11 为不同进气口气体总压条件下有、无辅助气流作用时喷嘴气流场速度分布，进气口气体总压比表压(即供气压力)高约 0.05MPa。可以看出：①有辅助气流作用时三种供气压力下喷嘴气流场结构完整；②在进气口气体总压为 0.4MPa，无辅助气流作用时气流场弧状结构、空化结构及回流区内的速度等值线数目比有辅助气流作用时稀少，且与弧状结构以外气流速度差值小；③有辅助气流作用时喷嘴出口处气流最高速度比无辅助气流作用时低，但气流场的高速区范围比无辅助气流作用时大；④辅助气流在副腔室内的整体速度比主气流在主腔室内的整体速度要高，高速辅助气流的作用是高速区扩大的原因之一。在工程实际中，由于设备的限制和降低运行成本的考虑，不可能无限制地靠增大供气压力来提高气流速度，因此辅助气流的这种作用就显得十分必要。

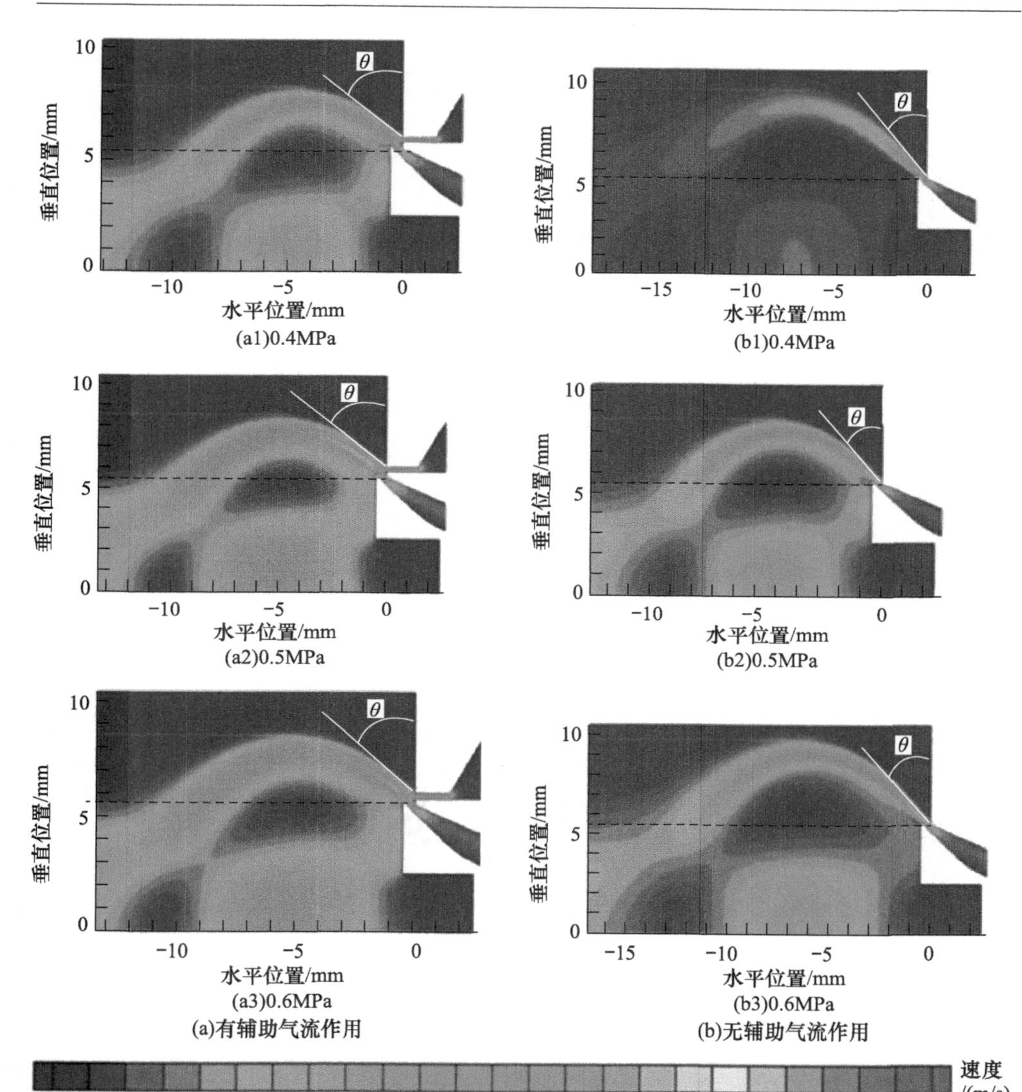

图 2.11　不同进气口气体总压条件下有、无辅助气流作用时喷嘴气流场速度分布

图 2.12 为流场中垂直位置为 5.5mm 的水平直线上的速度分布。可以看出,不同进气口气体总压条件下呈现近似相同的规律:①该直线上水平位置为 −1～0mm 内无辅助气流作用时的气流速度较高,水平位置为 −10～−1mm 内有辅助气流作用时的气流速度较高,雾化锥的主要分布范围在水平位置 −10～0mm 内;②有辅助气流作用时,喷嘴出口附近弧状结构内气流喷射速度可达 220m/s,高速区的扩大可以增强雾化效果。

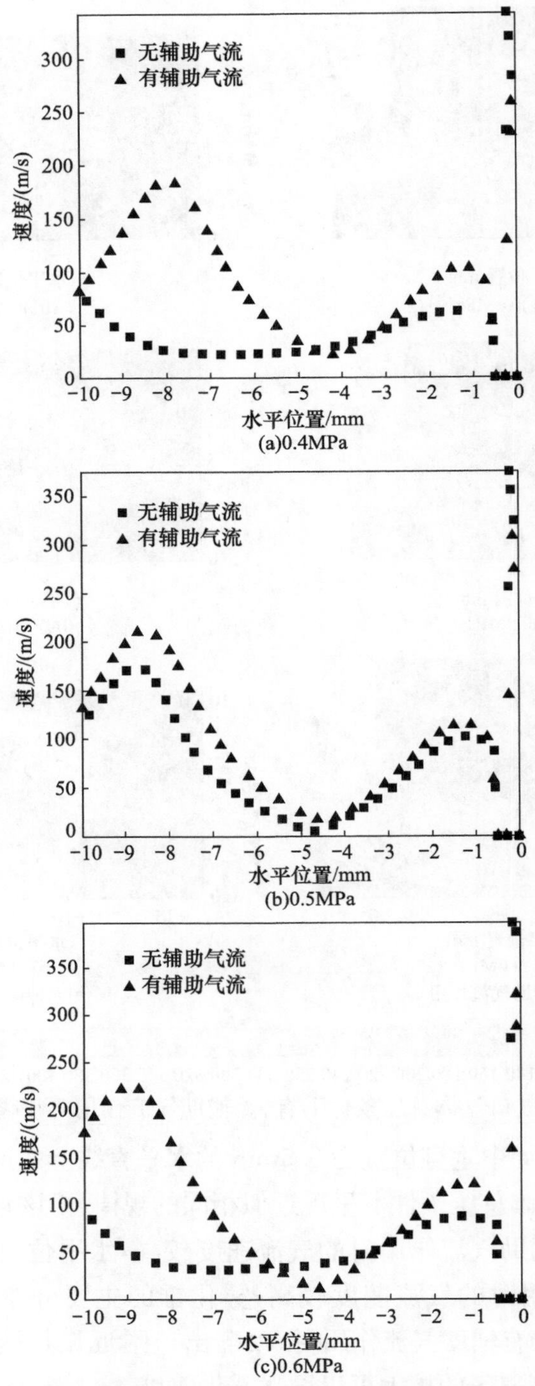

图 2.12　流场中垂直位置为 5.5mm 的水平直线上的速度分布

表2.3为不同进气口气体总压条件下有、无辅助气流作用时喷嘴气流场的特征参数。由表2.3可知：①辅助气流使喷射锥角和气流最高速度都有所减小，结合图2.11可知辅助气流可使气流场的高速区扩大；②上述作用在供气压力较低和较高时更明显，0.4MPa、0.6MPa时的两者最高速度之差、喷射锥角之差更大。这种作用在不丧失回流区的前提下，提高喷口附近气流的整体速度，从而保证了稳焰功能和高效雾化。

表2.3　不同进气口气体总压条件下有、无辅助气流作用时喷嘴气流场特征参数

进气口气体总压/MPa	喷嘴出口处最大速度/(m/s)	喷射锥角/(°)
0.4	280/380	70/102
0.5	320/440	72/96
0.6	340/500	76/100

注："/"右侧数值为有辅助气流作用时，左侧数值为无辅助气流作用时。

辅助气流对燃油的剪切作用促进了从主腔室喷出的油膜的破裂，再结合出口附近更大的高速区域，使煤油的雾化更加充分。一般情况下，回流区的尺寸越大，燃烧越稳定，但由于在喷涂过程中不仅要追求燃烧的稳定，还要兼顾燃烧的效率，只有高效快速地燃烧才能保证迅速产生大量的高能高压燃气，才能得到高速的燃气。因此，尽管辅助气流会使回流区略有减小，但它能够使煤油雾化更加充分，产生高速燃气。

主、辅气流出口截面积比是影响喷嘴性能的一项重要结构参数。改变数值模拟的物理模型的几何结构，可以对不同主、辅气流出口截面积比的雾化喷嘴气流场进行模拟。本节对四种结构的雾化喷嘴模型气流场进行了模拟，四种喷嘴模型的主要结构参数如表2.4所示。

表2.4　四种喷嘴模型的主要结构参数

模型编号	主气出口截面积/mm^2	辅气出口截面积/mm^2	主、辅气出口截面积比
1#	9.93	7.41	1.34
2#	7.48	7.41	1.01
3#	5.11	7.41	0.69
4#	2.15	7.41	0.29

图2.13为进气口气体总压0.6MPa时四种模型的气流场速度等值线图的局部放大图，表2.5为对应的四种模型的气流场特征参数(由于其低速回流区速度都低至20m/s，表中未列出)。由图2.13和表2.5可以看出，1#、

2# 模型气流场的气流喷射锥角相近，与 3#、4# 模型相差较大，而且其喷射锥的空域比 3#、4# 模型大。虽然其喷嘴出口处的气流速度比 3#、4# 模型小，但是雾化气流速度达到 100～150m/s 就可满足雾化需要[13]，1#、2# 模型的主气流速度在气流出口附近都达到了 100m/s 以上，最高速度甚至高达 300m/s。而且过小的喷射锥角不利于油雾的点燃和稳定燃烧。综合考虑上述两方面因素，可以认为 1#、2# 模型的气流场优于 3#、4# 模型。由此可以初步确定，喷嘴主、辅气出口截面积比在 1.01～1.34 内可以获得较好的雾化效果。

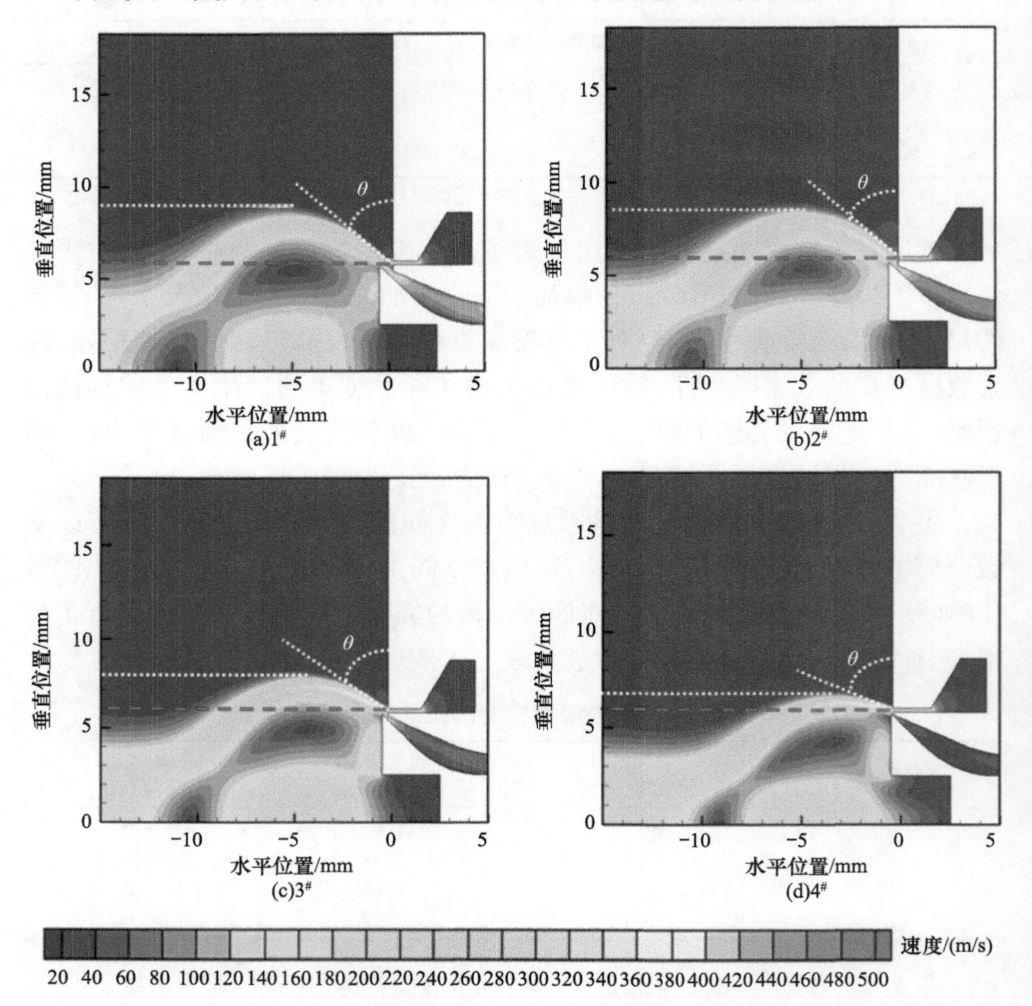

图 2.13 进气口气体总压 0.6MPa 时四种模型的气流场速度等值线图的局部放大图

表 2.5　各喷嘴模型气流场特征参数(进气口气体总压为 0.6MPa)

模型编号	喷嘴出口处最大速度/(m/s)	喷射锥角/(°)	喷射锥空域/mm
1#	320	80	9.00
2#	340	76	8.87
3#	380	65	8.02
4#	400	41	6.90

注:喷射锥空域大小用图 2.13 中白色水平线所指纵坐标表示。

图 2.14 为四种模型气流场中垂直位置为 6mm 的水平直线上的速度分布。可以看出:①四条线段上的速度分布都有两个明显峰值;②两个峰值大小都按照 1# ～4# 的顺序依次递增;③两峰值水平位置的距离则按照 1# ～4# 的顺序依次递减;④较低的峰值从左至右为 1# ～4#,且 1# 与 2# 之间相距较近。由图 2.13 可知:①直线段两次切割弧状结构;②弧状结构内的气流速度都按照 1# ～4# 的顺序依次递增;③弧状结构水平方向的尺寸按 1# ～4# 的顺序依次递减,且 1# 与 2# 相差较小;④弧状结构从左侧同一位置即喷嘴出口处开始。这种速度分布证明了前面分析的正确性,且 1# 与 2# 模型获得的气流场结构相似,两种结构都可获得较好的雾化结果。

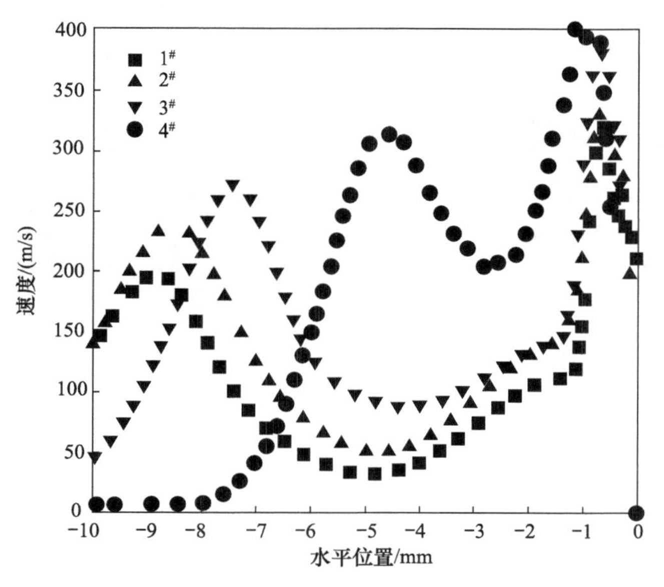

图 2.14　进气口气体总压 0.6MPa 时四种模型气流场中垂直位置为 6mm 的水平直线上的速度分布

采用 $2^{\#}$ 模型，对不同进气口气体总压条件下的雾化气流场进行模拟。图 2.15 为不同进气口气体总压条件下 $2^{\#}$ 模型的气流场速度等值线图的局部放大图，表 2.6 为对应的气流场特征参数(由于它们的低速回流区速度都低至 20m/s，表中未列出)。由图 2.15 和表 2.6 可以看出，随着供气压力的增大，气流的喷射锥角增大，喷射锥所占空域增大，喷射气流速度增大，因此随着供气压力的增大，喷嘴雾化效果得到增强。通常进气口气体总压不宜低于 0.4MPa，否则气流速度过低不能得到良好的雾化效果。

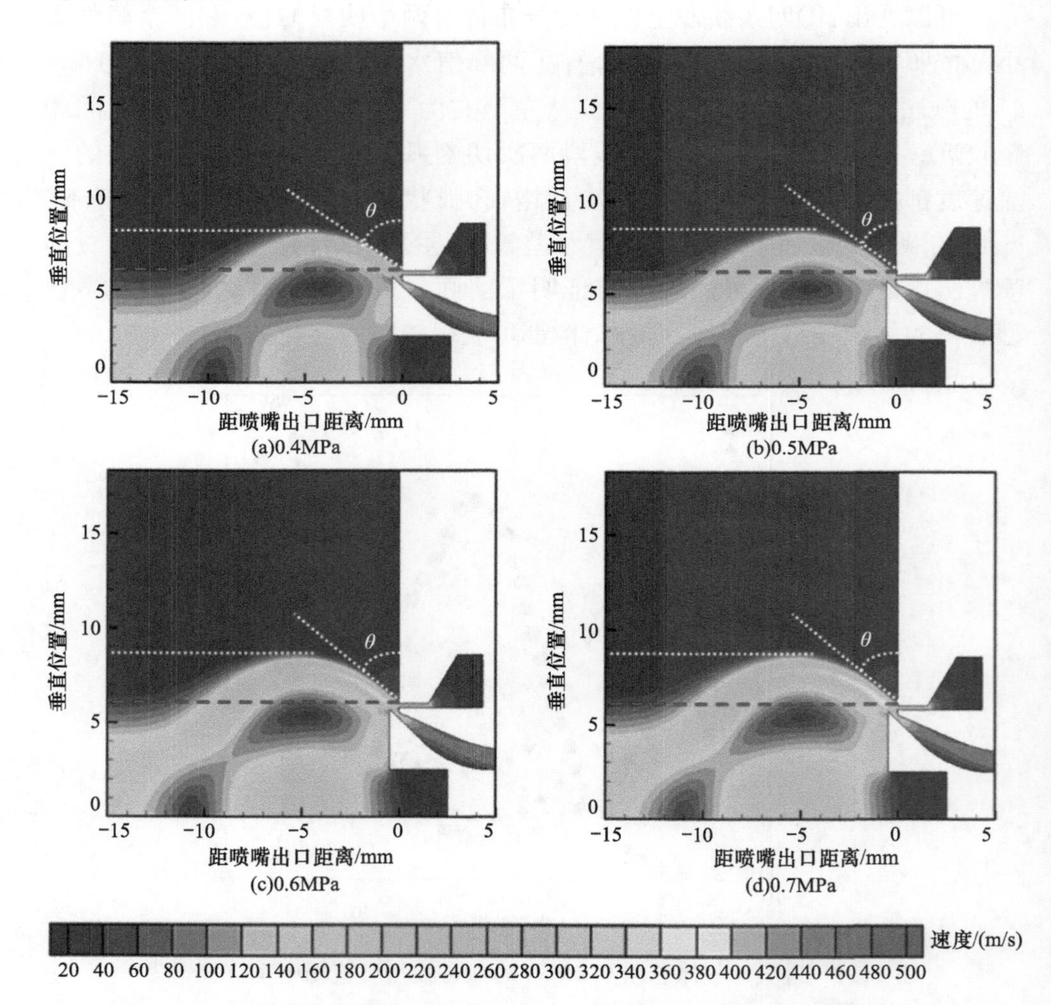

图 2.15　不同进气口气体总压条件下 $2^{\#}$ 模型的气流场速度局部等值线图

表 2.6　不同进气口气体总压条件下 2# 喷嘴模型气流场特征参数

供气压力/MPa	喷嘴出口处最大速度/(m/s)	喷射锥角/(°)	喷射锥空域/mm
0.4	280	70	8.58
0.5	320	72	8.67
0.6	340	76	8.87
0.7	360	79	9.00

图 2.16 为不同进气口气体总压条件下 2# 模型的气流场中垂直位置为 6mm 的水平直线上的速度分布。可以看出:①四条线段上的速度分布都有两个明显峰值;②两个峰值大小都按照 0.4MPa、0.5MPa、0.6MPa、0.7MPa 的顺序依次递增;③两峰值水平位置的距离则按照 0.4MPa、0.5MPa、0.6MPa、0.7MPa 的顺序依次递增;④较低的峰值从右至左为 0.4MPa、0.5MPa、0.6MPa、0.7MPa。结合图 2.15 可知,这是因为:①直线段两次切割弧状结构;②弧状结构内的气流速度按照 0.4MPa、0.5MPa、0.6MPa、0.7MPa 的顺序依次递增;③弧状结构水平方向的尺寸按 0.4MPa、0.5MPa、0.6MPa、0.7MPa 的顺序依次递增;④弧状结构从左侧同一位置即喷嘴出口处开始。这种速度分布又一次证明了前面对供气压力对流场速度分布分析的正确性,即随着供气压力的增大,喷嘴雾化效果得到增强。

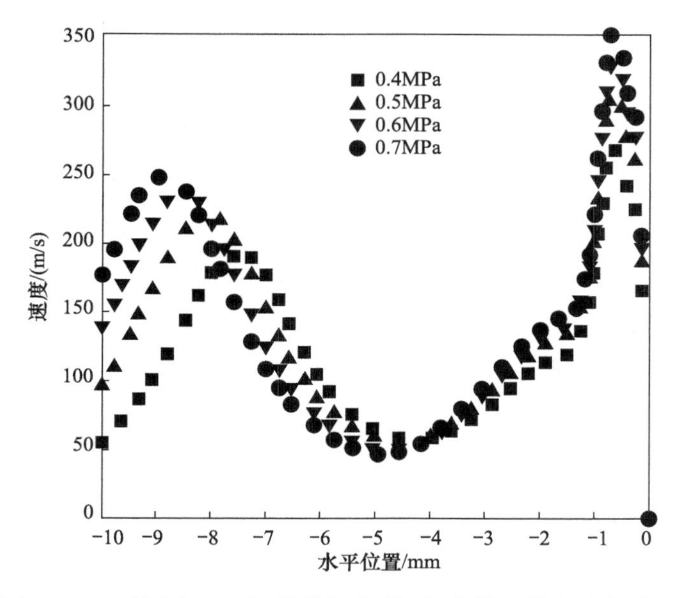

图 2.16　不同进气口气体总压条件下 2# 模型的气流场中垂直位置为 6mm 的水平直线上的速度分布

2.3.2 高速燃气喷涂枪油气控制系统

高速燃气喷涂枪油气控制系统构成原理图如图 2.17 所示。油气控制系统由煤油供给子系统和压缩空气供给子系统组成。煤油供给子系统主要由煤油箱、油泵、液位传感器、压力传感器、液体流量计及流量调节器组成，液位传感器、压力传感器、液体流量计及流量调节器结合控制系统的各种控制电路与管路分别显示或控制煤油的液位、压力和流量，以完成喷涂所需煤油的精确输送。压缩空气供给子系统主要由压缩空气源(通常包括空气压缩机和储气罐)、气体减压阀、压力传感器、气体流量计及流量调节器组成，压力传感器、气体流量计及流量调节器结合控制系统的控制电路与管路分别显示或控制空气的压力和流量，以完成喷涂所需空气的精确供给。

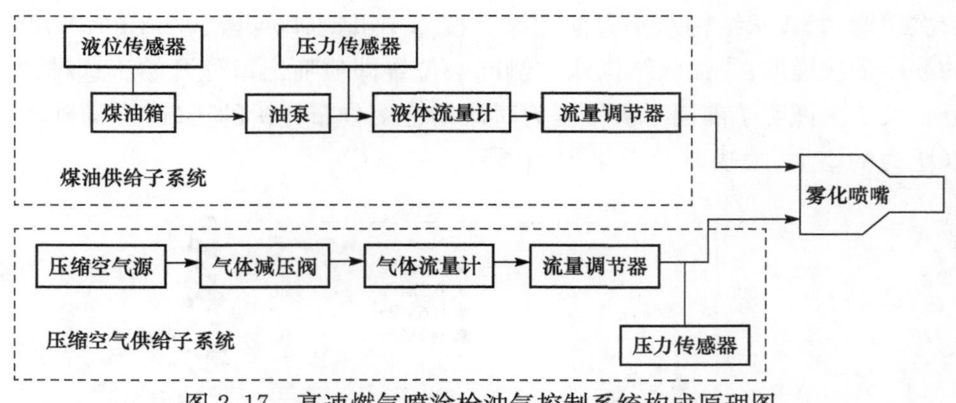

图 2.17 高速燃气喷涂枪油气控制系统构成原理图

高速燃气喷涂枪油气控制系统中气体的流动过程为：由压缩空气源流出，经管道依次流过气体减压阀、气体流量计、流量调节器及压力传感器，最终流入雾化喷嘴。燃油的流动过程为：由油泵自燃油箱抽出，经管道依次流过压力传感器、液体流量计及流量调节器，最终流入雾化喷嘴。流入雾化喷嘴的气体流量和燃油流量，由各自管道上的流量调节器调节。两子系统之间实行的是分别控制、集中安装于控制柜的方法，控制柜集油、气控制于一体，保证两个子系统按一定的程序工作。图 2.18 为高速燃气喷涂控制柜人机界面。燃油柜用来储存燃油，油泵用来为燃油柜提供动力，使燃油从燃油柜流出并以一定的速度流向喷嘴，进油开关和进气开关用来开始和终止燃油和压缩空气的供给，燃油流量调节器和气体流量调节器则用来调节燃油和压缩空气的供给量，燃油压力表和气体压力表用来显示燃油和压缩空气的表压。进行喷涂作业时，先开启进气开关，用气体流量调节器调整好气体流量，之后打开进油开关，用燃油流量调节器调节燃油流量至设定值。

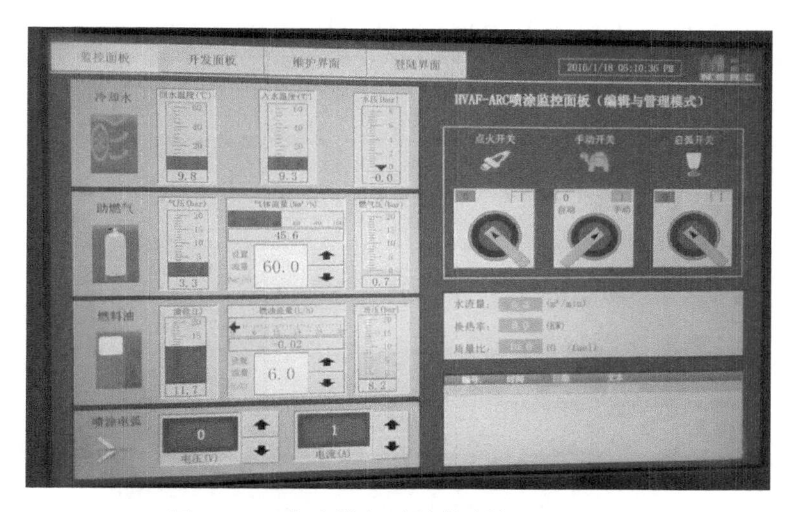

图 2.18　高速燃气喷涂控制柜人机界面

2.3.3　煤油雾化的高速摄像试验

进行喷嘴喷雾性能的检验，首先检验的是喷雾形态。使用 HiSpec5 型高速摄像机对喷雾形态进行拍摄，以观察喷雾结构。拍摄时 HiSpec5 型高速摄像机架设位置如图 2.19 所示。HiSpec5 型高速摄像机具有较高的图

图 2.19　HiSpec5 型高速摄像机架设位置

像质量和拍摄速度，且可以通过计算机远程控制。在 523 帧/s 的拍摄速度下，其分辨率可达 1696×1710 像素；在 1280×1024 像素的分辨率下，最高拍摄速度可达 1150 帧/s；该摄像机配有千兆网接口，方便计算机控制。拍摄时喷涂设备不装配喷涂枪枪体，只装配雾化喷嘴及相应构件，这样喷雾可完全暴露在空气中，被镜头捕捉。拍摄时，需用高亮钨灯照射喷雾，拍摄速度为 525 帧/s，喷嘴的喷雾高速摄像图片如图 2.20 所示。

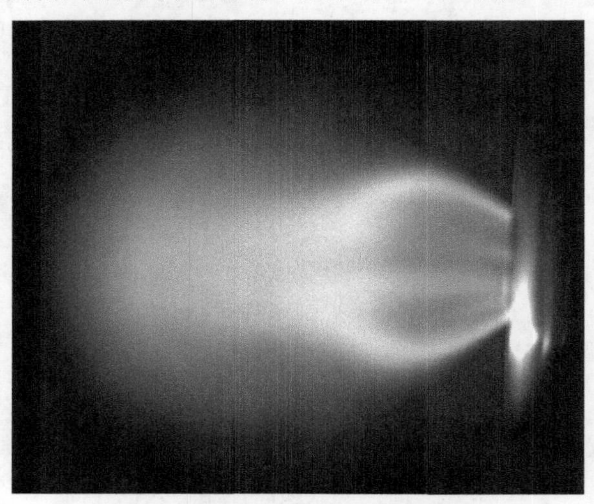

图 2.20　喷嘴的喷雾高速摄像图片

2.3.4　高速燃气-电弧复合喷涂枪的总体设计与试验

2.3.3 节介绍了煤油通过雾化喷嘴后雾化行为的试验方法，本节主要进行高速燃气-电弧复合喷涂枪的总体设计与试验。

图 2.21 为不断优化的雾化喷嘴和喷涂枪的部分实物图，在雾化喷嘴的研发过程中，其结构和尺寸进行了二十余次的改进与提高，图中为具有代表性的四种。雾化喷嘴和喷涂枪结构的设计不断趋向于精细化和轻便化。

通常情况下，煤油燃烧充分时焰流呈现淡蓝色(或者说在光亮环境下焰流颜色很浅，难以辨识边界)；燃烧不充分时焰流颜色较深，边界清晰。图 2.22 为雾化喷涂枪点火效果。从图 2.22(a)可以看出，雾化喷涂枪喷射的焰流稳定，说明点火效果较好，但是喷射出的焰流清晰可辨，说明煤油的燃烧还不够充分，喷嘴结构还有待进一步的优化。从图 2.22(b)可以看出，雾化喷涂枪喷射的焰流较模糊(如图 2.22(b)中虚线所示区域)，表明煤油燃烧充分，喷嘴结构已经比之前完善许多。

图 2.21　不断优化的雾化喷嘴和喷涂枪

(a)深色喷射焰流

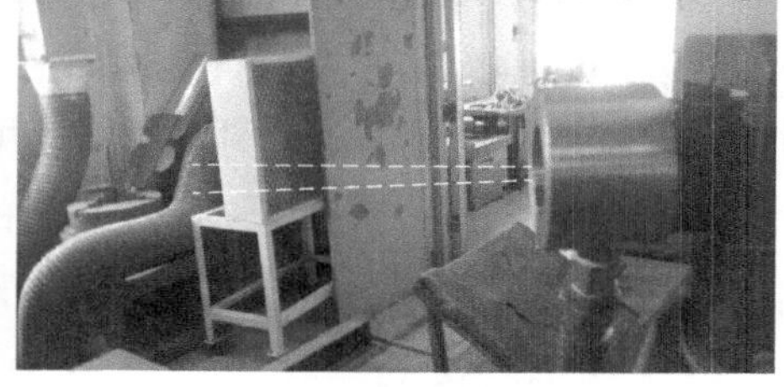

(b)浅色喷射焰流

图 2.22　雾化喷涂枪点火效果

通过喷涂枪设计实现了稳定燃气的产生和高效的冷却之后，对喷涂枪进行了电弧部分和送丝部分与燃烧部分的设计与组装集成，成功实现了燃气与电弧的复合，利用高速燃气实现了熔融金属液的雾化和加速。高速燃气-电弧复合喷涂枪组装集成效果及喷涂效果图如图 2.23 所示。

(a)高速燃气-电弧复合喷涂枪组装集成

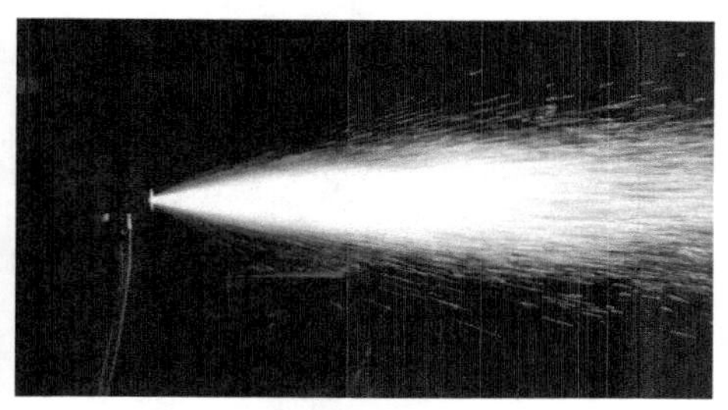

(b)喷涂效果

图 2.23　高速燃气-电弧复合喷涂枪组装集成效果及喷涂效果图

2.3.5 机器人自动化系统

综合分析通用关节式机器人的各项指标,确定 MOTOAMN-MP24 型 6R 机器人为该自动化电弧喷涂系统的主体。机器人末端手臂通过专用夹具与高速电弧喷涂枪相连,采用拉丝式的送丝方式,并将送丝机固定在机器人的手臂上,喷涂工件固定在变位机(工作台)上,采用集成的中央控制器实现自动化喷涂系统的所有控制操作,包括机器人的运动、喷涂电源与送丝机的启停、电压与电流的调节、压缩空气的调节等控制,另外,该控制器还备用喷涂过程实时反馈控制的数字量接口(如粒子温度、速度及涂层表面温度等信息的监测与控制)。

考虑与喷涂电源的匹配性,调压调速控制电路与电源的电流调节电路的动态响应快,提高电动机机械力矩特性,保证稳定送丝,并利于丝材引弧与燃弧。推丝式送丝机构的导丝管比较长(2m 或 3m),喷涂枪大范围动作时送丝不够稳定,影响喷涂。为保证稳定送丝,可以将喷涂枪和送丝机固定在机器人附件臂上,大大减小了送丝阻力,而且可改善管线的布置,结构紧凑,避免喷涂设备与机器人行动之间的干涉。使用的送丝机、喷涂枪与机器人的安装效果如图 2.24 所示。选用 MOTOAMN-MP24 机器人配备的 DX200 控制系统完成机器人各轴的运动控制,同时,DX200 预留的外部轴控制模块可实现变位机的转动控制,该模块可以和机器人实现联动作业。由于 DX100 中央控制柜没有专用的电弧喷涂控制模块,在原有弧焊基板的基础上,外加转接控制电路,

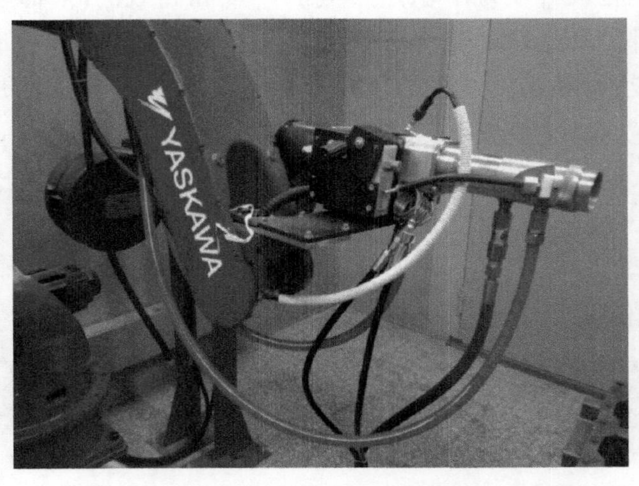

图 2.24 送丝机、喷涂枪与机器人的安装效果

使电弧喷涂设备在示教模式时可实现进丝、退丝；在再现模式时可实现电源起停、进丝、高压空气启动，以及喷涂电压、电流的调节等功能。

2.3.6　电弧喷涂逆变电源

自动化电弧喷涂逆变电源的设计参数如表 2.7 所示。

表 2.7　逆变电源的设计参数

项目名称	设计参数
输入电源	三相，380V，50Hz
额定输入容量	22A，14.5kW
额定输出电流	20～350A
额定输出电压	40V
输出电流范围	20～350A
输出电压范围	15～40V
空载电压	66V±5V
额定负载持续率	>60%
外形尺寸	560mm(深)×350mm(宽)×530mm(高)

逆变电源的控制面板仪表及开关功能参照表 2.8，图 2.25 为电源前控制面板设计效果。

表 2.8　逆变电源控制面板仪表及开关功能

名称	功能
喷涂电压表	指示喷涂电压值
喷涂电压调节旋钮	无级调节喷涂电压值
喷涂电流表	指示喷涂电流值
喷涂电流调节旋钮	无级调节喷涂电流值
电源开关	本机电源的通断开关
电源指示灯	显示通、断电状态的指示灯。电源开关打开后，红灯亮
异常指示灯	发生异常时，橙色灯亮
近控/远控	置近控：喷涂电流、喷涂电压、喷涂/停止、进丝/停止/退丝由喷涂电源面板控制 置远控：喷涂电流、喷涂电压、喷涂/停止、进丝/停止/退丝、送丝电机通过接口转给送丝机集中控制
喷涂/停止开关	置喷涂：喷涂起弧同时开始进丝 置停止：停止进丝同时喷涂起弧结束
进丝/停止/退丝开关	置进丝：无喷涂起弧进丝；置退丝：无喷涂起弧退丝；置停止：停止送丝等待喷涂开始。当喷涂/停止开关被置于喷涂时，该进丝/停止/退丝开关不工作

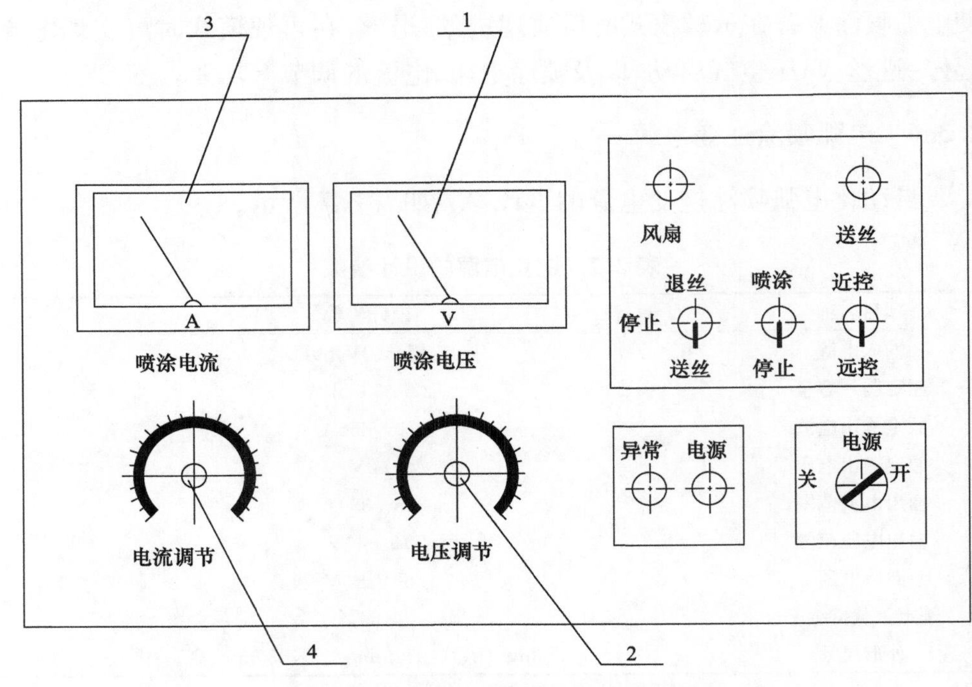

图 2.25 电源前控制面板设计效果

1. 喷涂电压表；2. 喷涂电压调节旋钮；3. 喷涂电流表；4. 喷涂电流调节旋钮

逆变电源背面板的接口如表 2.9 所示。图 2.26 为逆变电弧喷涂电源实物图。

表 2.9 逆变电源背面板的接口

编号	接口	功能
1	电源直流输出正极	直流输出正极接线柱，接 50mm² 线缆
2	电源直流输出负极	直流输出负极接线柱，接 50mm² 线缆
3	拉丝式喷涂枪送丝电机输电接口	2 芯航空接头，至拉丝式送丝电机供电电压为 24V，以控制拉丝枪的电机动作(包括启停、正转进丝、反转退丝)。送丝机直流电机的驱动功率限制为 24V/120W(最大值)。注意：该接口只在近控时有效，远控时将该信号通过接口 4 传出去
4	远程控制信号接头	16 芯航空接头，至远程电弧喷涂双丝推丝式送丝机，将电源面板控制转换成远程控制模式后，可实现以下控制：喷涂电压显示、电压无级调节、喷涂电流显示、电流无级调节、起弧喷涂与停止开关量、电机进退丝开关量、异常指示灯显示、推丝式送丝电机供电电压为 24V

图 2.26　逆变电弧喷涂电源实物图

2.3.7　高速燃气-电弧复合喷涂 3Cr13 不锈钢涂层

利用自行开发的高速燃气-电弧复合喷涂枪和传统空气雾化高速电弧喷涂枪进行喷涂试验，涂层制备工艺参数如表 2.10 所示。喷涂丝材为直径 2mm 的 3Cr13 不锈钢丝，基体为 45 钢。两种喷涂枪制备的 3Cr13 不锈钢涂层分别用其喷涂枪的种类标识，即 HVAF-Arc 涂层和 Arc 涂层。

表 2.10　涂层制备工艺参数

喷涂枪型号	喷涂电压/V	喷涂电流/A	供气压力/MPa	煤油流量/(L/h)
HVAF-Arc	34	180	0.45	4.0
Arc	34	180	0.45	—

图 2.27 为两种 3Cr13 不锈钢涂层的 XRD 图谱。可以看出，两种 3Cr13 不锈钢涂层内均有氧化物，说明复合喷涂枪并没有完全消除涂层的氧化，这与实际也相符合，氧化物的含量是否减少可以通过能谱分析得出。

图 2.28 为两种 3Cr13 不锈钢涂层截面的显微形貌。可以看出，两种 3Cr13 不锈钢涂层均含有孔隙，但 Arc 涂层的孔隙要比 HVAF-Arc 涂层多，利用软件对涂层的显微形貌照片进行处理，测试涂层的孔隙率，发现 Arc 涂

层的孔隙率为5.3%,HVAF-Arc涂层的孔隙率为2.7%,后者比前者降低了49%。总的来说,HVAF-Arc涂层比Arc涂层要均匀致密。

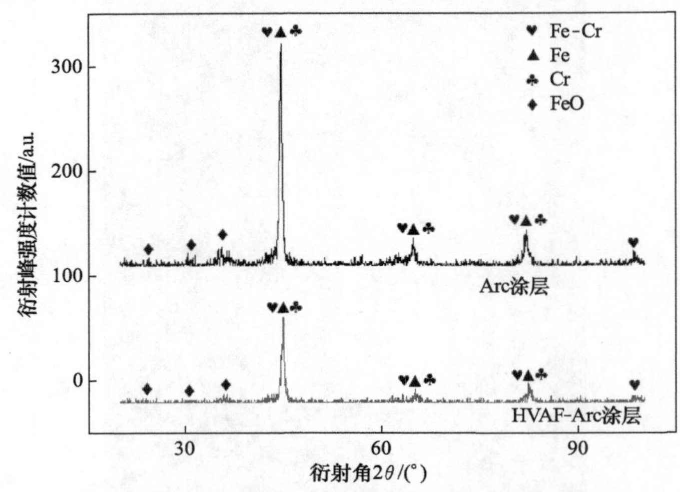

图2.27　两种3Cr13不锈钢涂层的XRD图谱

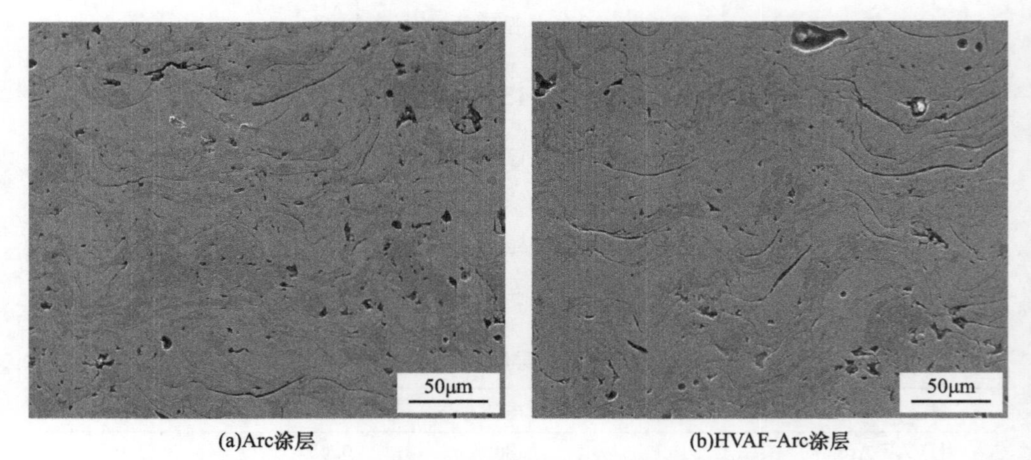

图2.28　两种3Cr13不锈钢涂层的截面显微形貌

在两种3Cr13不锈钢涂层上随机选取三个区域进行能谱面扫描分析。表2.11为两种3Cr13不锈钢涂层截面能谱仪(energy dispersive spectroscopy,EDS)分析得到的各元素的质量含量。Arc涂层扫描点位置处氧元素的质量分数高于HVAF-Arc涂层。结合XRD结果,说明Arc涂层的氧化比HVAF-Arc涂层严重,表明HVAF-Arc涂层中所产生的高速燃气中的活性氧含量要比Arc涂层中少很多,而且燃气速度快,使粒子飞行时间短,与环境空气的接触时间短。

表 2.11　两种 3Cr13 不锈钢涂层截面 EDS 分析结果(质量分数)

涂层类型	O/%	Fe/%	Cr/%
HVAF-Arc	5.45	13.36	81.20
Arc	8.13	12.88	78.98

表 2.12 为两种 3Cr13 不锈钢涂层显微硬度沿截面分布的平均值，可见 HVAF-Arc 涂层的平均显微硬度比 Arc 涂层大。图 2.29 为两种 3Cr13 不锈钢涂层显微硬度沿截面分布图，其中到基体表面距离为 60～360μm 的点的硬度为涂层的硬度，到基体表面距离为－120～－60μm 的点的硬度为基体的硬度，到基体表面距离为 0μm 的点的硬度是涂层与基体结合部位的硬度。可以看出，HVAF-Arc 涂层的显微硬度比 Arc 涂层大且分布均匀，说明 HVAF-Arc 涂层比 Arc 涂层更加致密均匀。HVAF-Arc 涂层的显微硬度大多分布在 Arc 涂层的上方，虽然到基体表面距离为 60μm 处的显微硬度比 Arc 涂层的略低，但相差很小，差值在 $20HV_{100}$ 以内，而其他 5 个点处的显微硬度值高于 Arc 涂层，差值均在 $40HV_{100}$ 以上。

表 2.12　两种 3Cr13 不锈钢涂层显微硬度沿截面分布的平均值

涂层类型	显微硬度/HV_{100}
HVAF-Arc	437
Arc	390

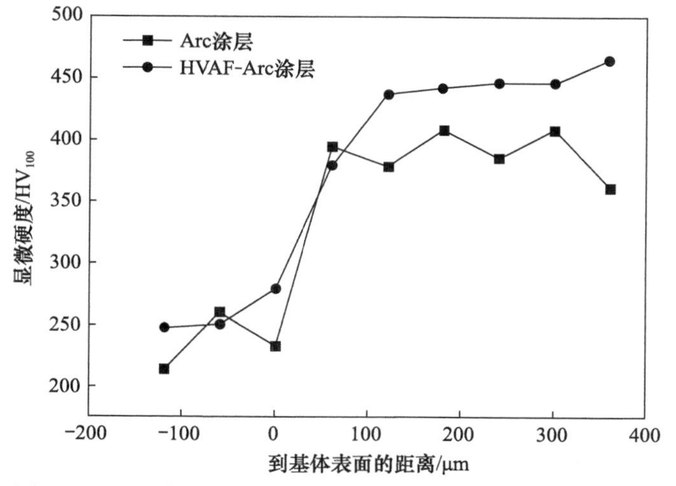

图 2.29　两种 3Cr13 不锈钢涂层显微硬度沿截面分布图

2.4 电弧喷涂再制造应用实例

针对报废汽车发动机缸体轴承座孔等部位的变形、腐蚀及磨损等失效而造成座孔尺寸超差和严重划伤，可以采用高速空气电弧喷涂技术对这些失效部件进行再制造，通过双丝电弧喷涂 1Cr18Ni9Ti-Al 伪合金涂层，使用高速电弧喷涂枪制备涂层，系统测试涂层组织结构及性能，通过滑动摩擦磨损试验评价涂层的耐磨性能，分析涂层的磨损机理，为涂层在发动机箱体上的应用提供材料支撑。

2.4.1 再制造发动机缸体工艺方案

经分析发现，汽车发动机缸体主轴承孔及连杆轴承座孔等部位因承受交变应力及瞬间冲击而发生变形，并且因润滑油中硫化物等的腐蚀和摩擦磨损而造成座孔尺寸超差和严重划伤。因此，可以采用自动化高速电弧喷涂技术对废旧斯太尔汽车发动机缸体进行再制造。在此系统中，机械手的操作臂夹持喷涂枪在控制单元控制下运行。利用温度信息反馈与实时参数调整，喷涂枪能按照设定的路径自行完成喷涂任务。

(1) 再制造工艺流程方案。针对缸体的结构状况，在喷砂和喷涂前对主轴承孔内的油孔和油槽、冷却喷嘴座孔、挺柱孔、二道瓦两侧止推面及缸体内腔等处用不同材料制备的各种特制护具进行遮蔽防护。优化设计喷砂处理及喷涂工艺参数。喷涂完后利用镗瓦机进行轴承孔的镗削加工。

(2) 喷涂工序方案。利用自动化系统再制造斯太尔汽车发动机缸体，有 7 个轴承孔需要修复，图 2.30 显示了未经再制造修复的轴瓦安装部位划痕及腐蚀、喷砂后及喷涂修复后的对比效果。

MOTOAMN-MP24 机器人配备的 DX200 控制系统完成机器人各轴的运动控制。电弧喷涂的自动控制程序示意图如图 2.31 所示。这样，通过增设电弧喷涂转接控制单元，就可在 DX200 控制系统上实现电弧喷涂全自动化作业。

自动化喷涂过程中，缸体按一定弧度往复转动，并配合喷涂枪在 X 轴上微移动，实现喷涂枪和变位机的联动控制，这样不但能使喷涂枪的运动幅度

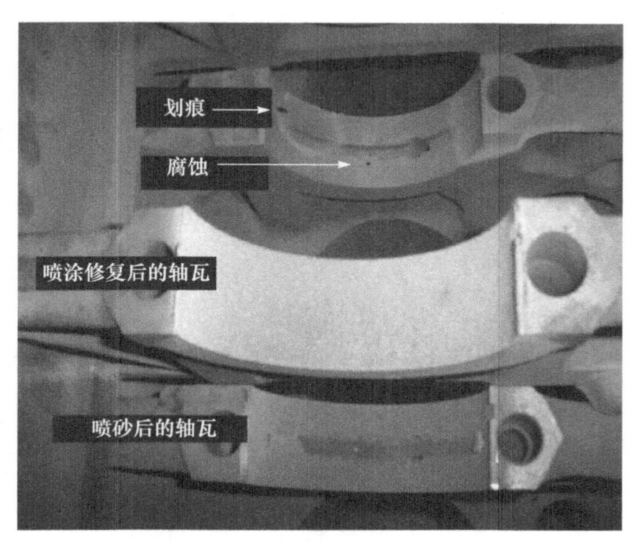

图 2.30　斯太尔发动机缸体及轴承孔

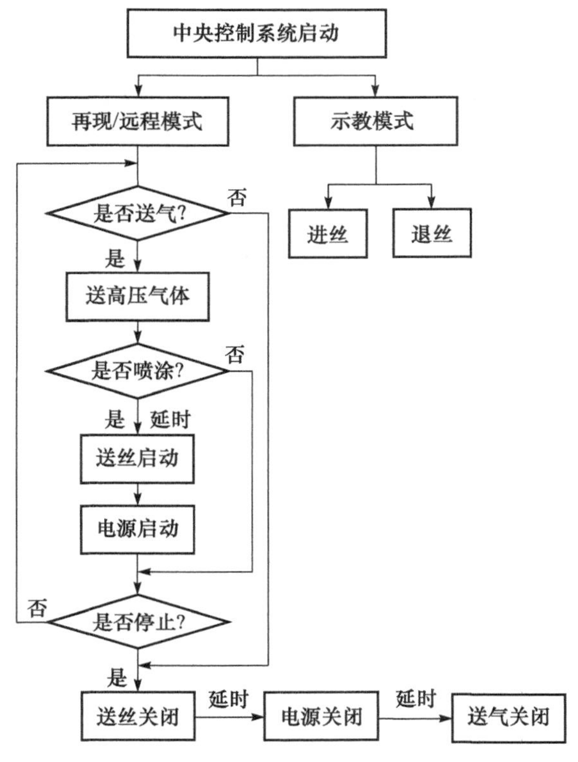

图 2.31　电弧喷涂自动控制程序示意图

较小，提高喷涂稳定性，而且能使喷涂枪始终与待喷表面保持垂直姿势，喷涂焰流匀速移动，这样既提高了喷涂的质量，又使涂层厚度趋于均匀化，其中喷涂一个缸体轴承孔的控制方案如图 2.32 所示。先将规划好的喷涂路径传到控制单元，在喷涂时利用机械手在 X 轴和工件 C 轴的联动，喷涂枪在 X 轴进行左右平移。开始时喷涂枪口指向缸体第一个轴承孔的左沿位置。喷涂开始，喷涂枪向右移动（X 轴右移动），同时 C 轴逆时针转动，此过程即是 X 轴和 C 轴的联动。当喷涂到轴承孔的右边缘时，喷涂枪（X 轴）停止向右运动，并立即向左运动，同时 C 轴带动缸体顺时针转动。当缸体（C 轴）转动到起始位置时，同时喷涂枪也回到起始位置，喷涂枪向上运动，即 Y 轴带动喷涂枪向上运动，此时 X 轴和 C 轴停止运动，当喷涂枪移到设定的位置后，系统立即执行刚才的运动过程。喷完一个轴承孔后，喷涂枪会迅速移至下一个待修复的轴承孔处，循环喷涂上一个轴承孔时的动作。

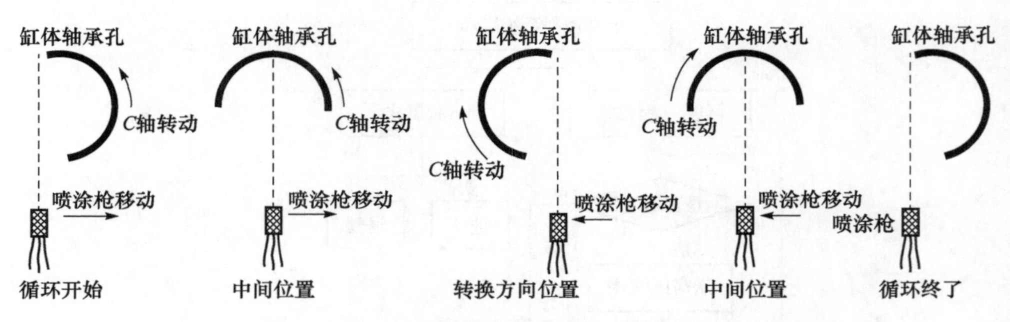

图 2.32　喷涂一个缸体轴承孔的工艺方案

自动化电弧喷涂汽车发动机缸体的工艺流程如图 2.33 所示，斯太尔某型发动机缸体轴承孔宽度是 40mm，两个轴承孔之间的距离是 95mm。偏移变量 1 是喷涂枪在喷涂一个轴承孔时的移动距离，一个轴承孔需要喷涂四道，每道之间的距离是 10mm，所以偏移变量 1 每次移动的距离是 10mm，偏移变量 1 循环次数初始值为 3。每一个轴承孔的第一道和最后一道距离孔边缘 5mm，所以由一个轴承孔移到下一个轴承孔，偏移变量 2 每次移动的距离是 105mm，共有 7 个轴承孔，所以偏移变量 2 循环次数初始值为 6。

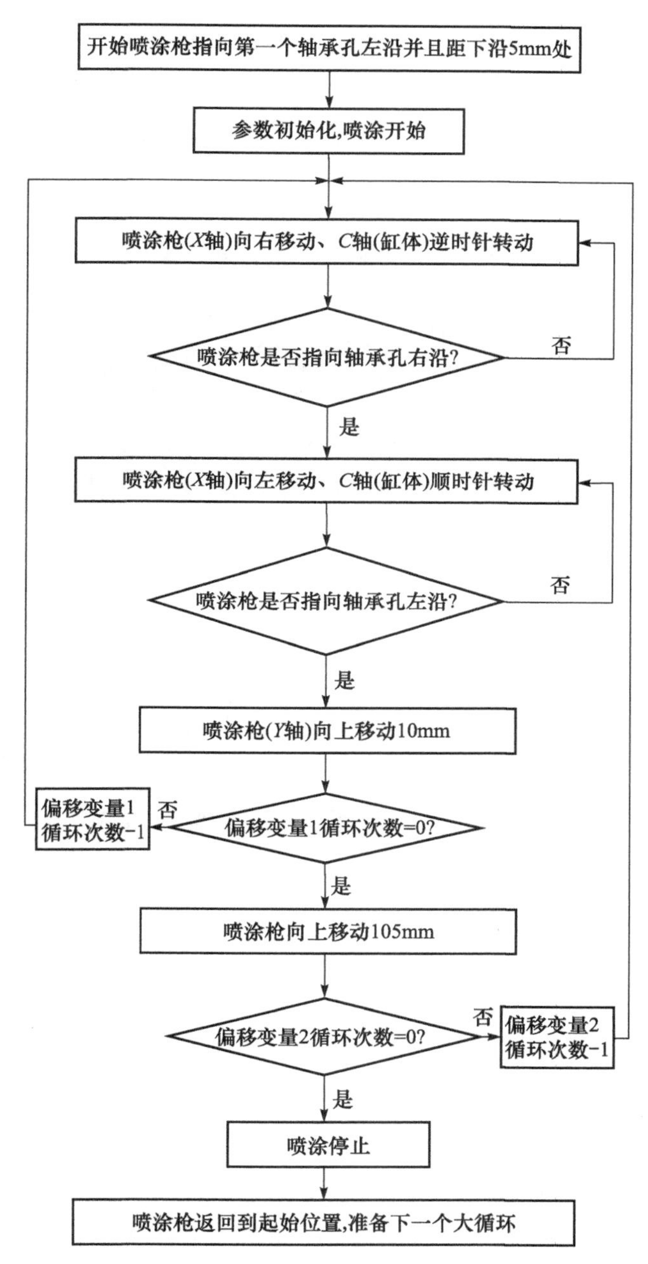

图 2.33　自动化电弧喷涂汽车发动机缸体的工艺流程

斯太尔汽车发动机缸体整体形貌如图 2.34 所示。具有凹型曲面的零部件在喷涂再制造时,通常因为遮挡的影响,很难控制喷涂工艺,使喷涂角度、喷涂距离和涂层厚度均匀一致，进而难以保证最终涂层的质量，因此提出工件转动并配合喷涂枪移动的联动控制方法，可有效解决这一问题，在避免喷涂枪大幅度运动而影响喷涂稳定性的同时，保证了喷涂工艺参数的均匀稳定性，使最终喷涂的零件质量可靠。

图 2.34　斯太尔汽车发动机缸体整体形貌

2.4.2　电弧喷涂涂层表面温度监测试验

为了更准确地获取喷涂过程中涂层的温度信息，为自动化喷涂设备的自动化工艺设计提供理论支持，控制喷涂涂层变形，使用 Flir A20-M 型红外热像仪对电弧喷涂涂层的表面温度进行实时监测。通过对等温线的宽度信号进行模糊推理运算，以喷涂电流为控制量，实现了对喷涂涂层温度场等温线宽度的闭环控制。利用温度场控制电弧喷涂成形参数流程如图 2.35 所示。

热像仪不断采集喷涂涂层温度场的图像，再通过工控机对该图像信号进行运算、处理后，将信息传到控制卡，通过控制卡控制喷涂电源来调节电流大小，以改变送丝速度，进而改变电弧的能量输入，实现对喷涂涂层成形的控制。

图 2.36 和图 2.37 是利用分析软件处理得到的测温结果，该系统能反映测量区域内整体温度等值线图、任意局部区域(包括点、线或者面)的温度分布曲线，以及最大值、最小值和平均值等多种信息。从图 2.37 中 LI01 线段对应的温度分布曲线可知，涂层对应时刻的温度分布在 100～300℃内。

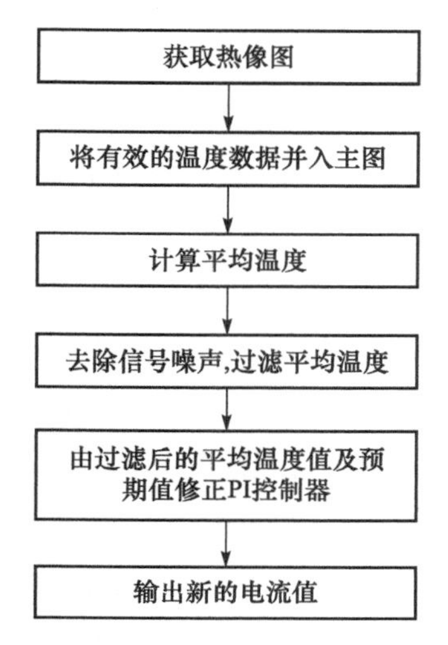

图 2.35　利用温度场控制电弧喷涂成形参数流程

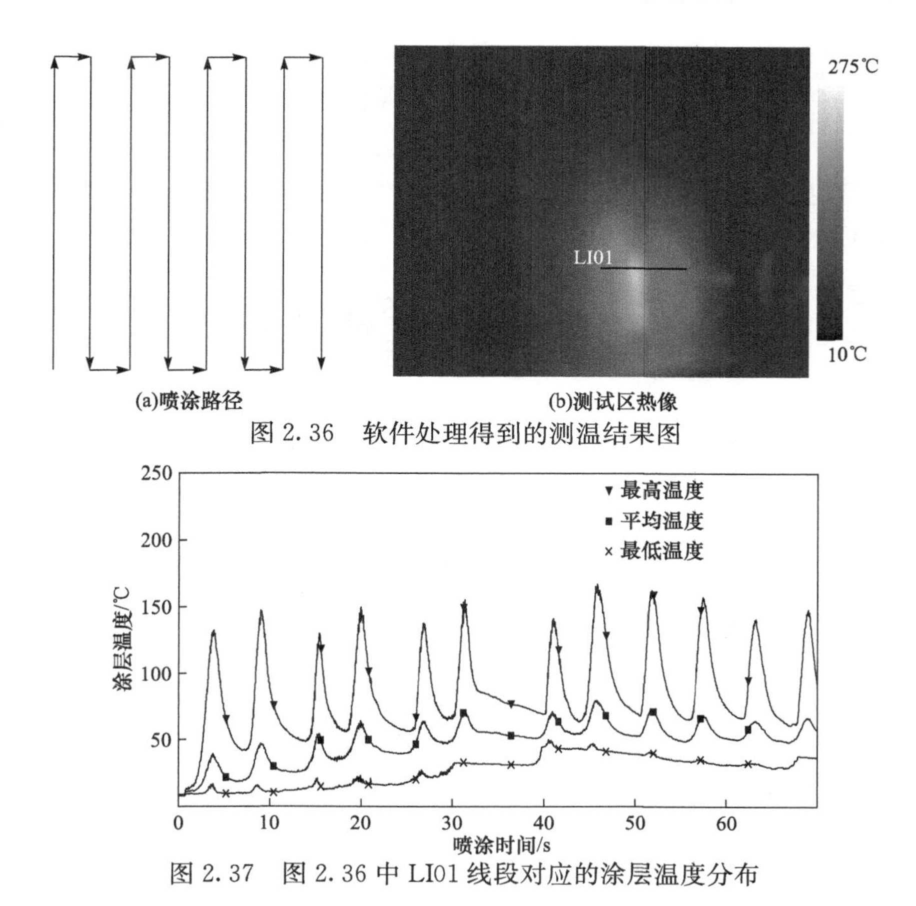

图 2.36　软件处理得到的测温结果图

图 2.37　图 2.36 中 LI01 线段对应的涂层温度分布

2.4.3 涂层结构性能分析

本节总结了1Cr18Ni9Ti-Al伪合金涂层的组织结构，并和1Cr18Ni9Ti不锈钢涂层的组织结构进行对比，发现1Cr18Ni9Ti-Al伪合金涂层与基体界面结合较好(见图2.38)，呈现出明显的层状结构特征。与1Cr18Ni9Ti不锈钢涂层不同，1Cr18Ni9Ti-Al伪合金涂层中不锈钢丝材的合金组织与铝金属交错排列，层与层之间的间距明显增大，形成了“软、硬相交错叠加”特征的结构，如图2.39所示。图2.40是对图2.39所示的涂层截面区域中各元素分布情况的面扫描结果，可以看出不同元素分层现象比较明显，Al元素主要分布在图2.39中对应颜色最深的深灰色区域，Fe、Cr、Ni等元素则分布在颜色浅的灰色和灰白色区域，O元素在深灰色区域(富含Al)分布最少，在灰白色区域次之，灰色区域最多。这一特征说明不锈钢丝和Al丝在金属熔化阶段及熔滴雾化阶段几乎没有发生冶金反应，只是气流的作用使二者发生机械的混合。同时，还发现少量的包覆现象，如图2.39中A区便是不锈钢合金微粒包覆于Al层之中，这主要是因为金属熔化雾化后，在飞行过程中因Al熔滴发生内部流动而将不锈钢合金卷到熔滴内部。

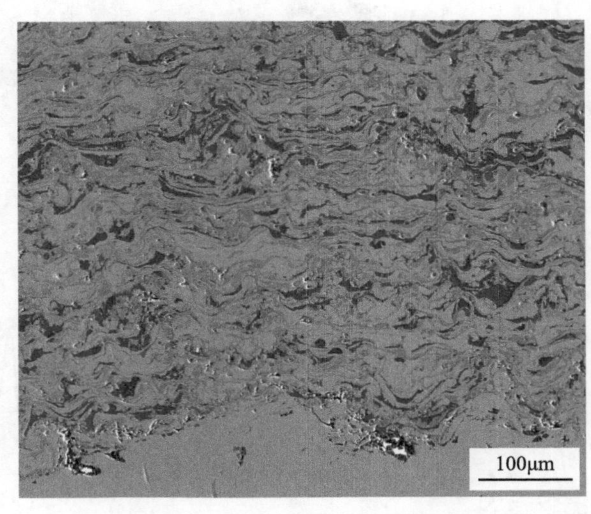

图2.38 1Cr18Ni9Ti-Al伪合金涂层与基体结合界面的表面形貌

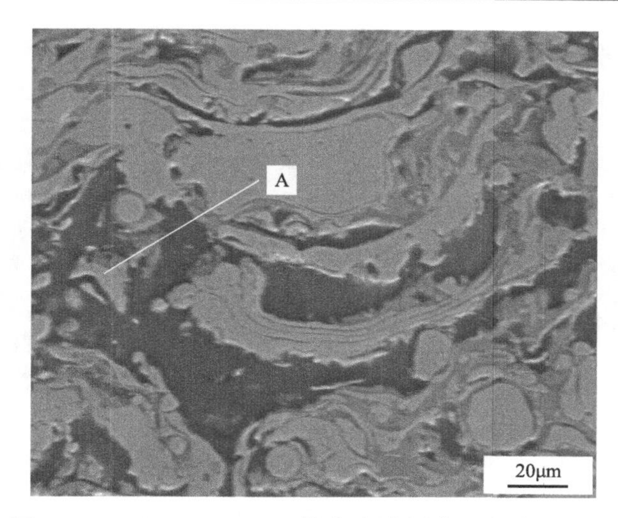

图 2.39　1Cr18Ni9Ti-Al 伪合金涂层截面的表面形貌

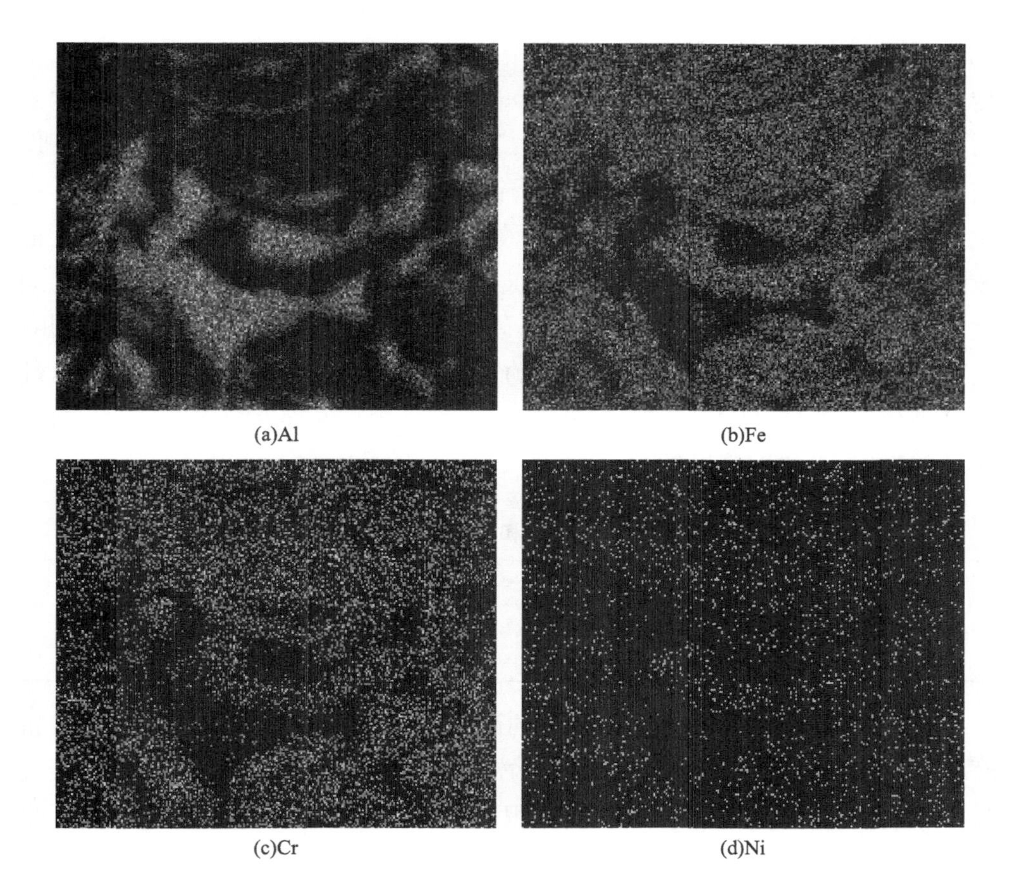

(a)Al　(b)Fe

(c)Cr　(d)Ni

(f)Ti (g)O

图 2.40 1Cr18Ni9Ti-Al 伪合金涂层截面元素的面扫描分布结果

对 1Cr18Ni9Ti-Al 伪合金涂层的性能进行研究，并与 1Cr18Ni9Ti 不锈钢涂层的力学性能进行对比，发现 1Cr18Ni9Ti 不锈钢涂层和 1Cr18Ni9Ti-Al 伪合金涂层的结合强度和孔隙率相差不大，1Cr18Ni9Ti 不锈钢涂层的平均显微硬度高于 1Cr18Ni9Ti-Al 伪合金涂层(见表 2.13)。图 2.41 显示了两种涂层横截面的显微硬度分布。可以看出，两种涂层的平均显微硬度值均高于基体材料，且 1Cr18Ni9Ti 不锈钢涂层显微硬度在 390～520HV_{100}变化；而 1Cr18Ni9Ti-Al 伪合金涂层显微硬度在 160～410HV_{100}变化，硬度值波动较大。涂层横截面显微硬度的波动进一步说明涂层中组织的不均匀性，1Cr18Ni9Ti 不锈钢涂层中高硬度值对应于硬质的氧化物相，1Cr18Ni9Ti-Al 伪合金涂层由于 Al 的加入及硬质氧化物相含量的减小，硬度最高值和最低值都比 1Cr18Ni9Ti 不锈钢涂层低很多，且波动范围比 1Cr18Ni9Ti 不锈钢涂层明显变宽。

表 2.13 1Cr18Ni9Ti 不锈钢涂层和 1Cr18Ni9Ti-Al 伪合金涂层的性能

涂层	结合强度/MPa	显微硬度/HV_{100}	孔隙率/%
1Cr18Ni9Ti	31.2	459.8	<3
1Cr18Ni9Ti-Al	29.4	312.7	<2.5

对 1Cr18Ni9Ti-Al 伪合金涂层的耐磨特性进行研究，分析了涂层的抗磨机制。图 2.42 为 1Cr18Ni9Ti 不锈钢涂层、1Cr18Ni9Ti-Al 伪合金涂层及 45 钢在不同油润滑条件下的磨损体积柱形图，其中(a)对应涂层经清洗后直接进行油链润滑试验，(b)是先将涂层放入装有润滑油的容器中浸泡，32h后

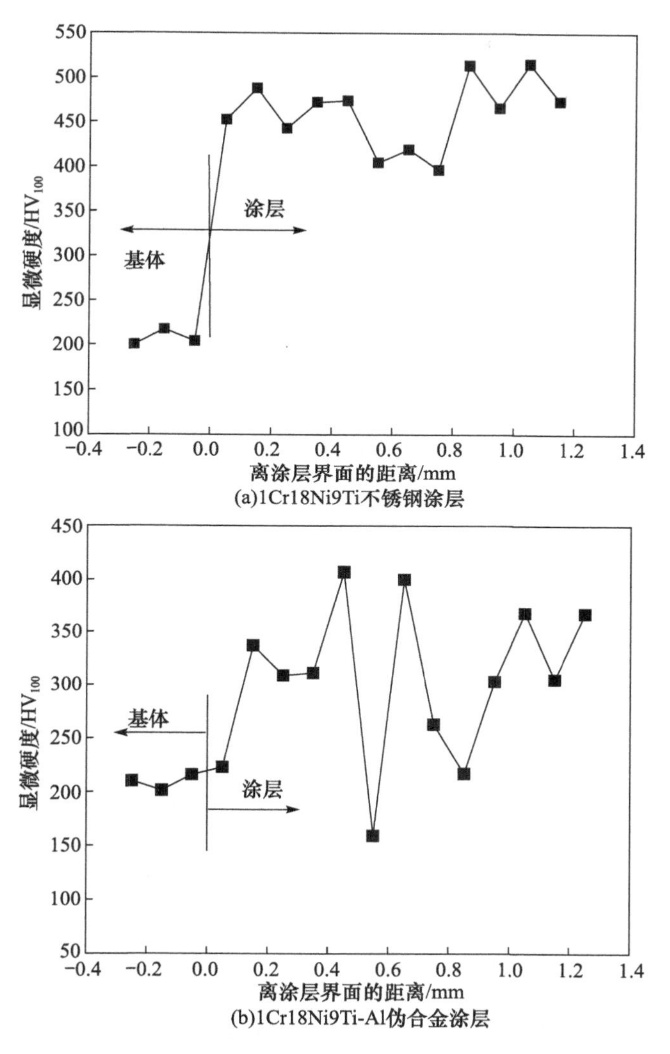

图 2.41　两种涂层横截面的显微硬度分布

将涂层取出再进行油链润滑试验。发现与 45 钢相比，在直接浸油润滑的条件下，1Cr18Ni9Ti-Al 伪合金涂层的耐磨性比 1Cr18Ni9Ti 不锈钢涂层高 9%。在先将涂层放入油中浸泡 32h 后再进行油润滑摩擦试验时，两种涂层的耐磨性都略有升高，且此时 1Cr18Ni9Ti-Al 伪合金涂层的耐磨性比 1Cr18Ni9Ti 不锈钢涂层还高 5%。图 2.43 为 1Cr18Ni9Ti 不锈钢涂层、1Cr18Ni9Ti-Al 伪合金涂层及 45 钢在两种油润滑条件下的摩擦系数变化曲线，摩擦系数顺序为 1Cr18Ni9Ti-Al>1Cr18Ni9Ti>45 钢。

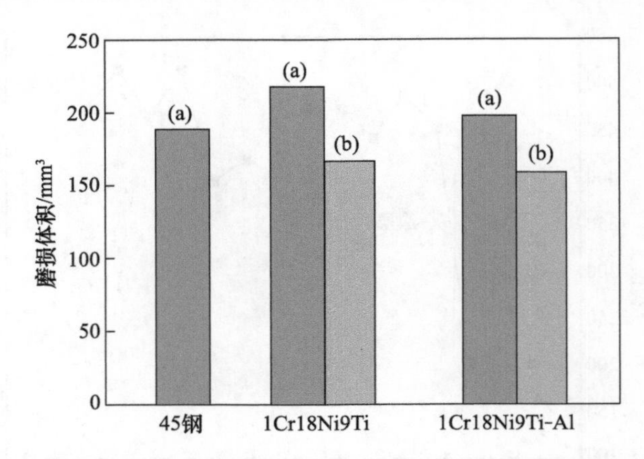

图 2.42 两种涂层及 45 钢在不同油润滑条件下的磨损体积柱形图

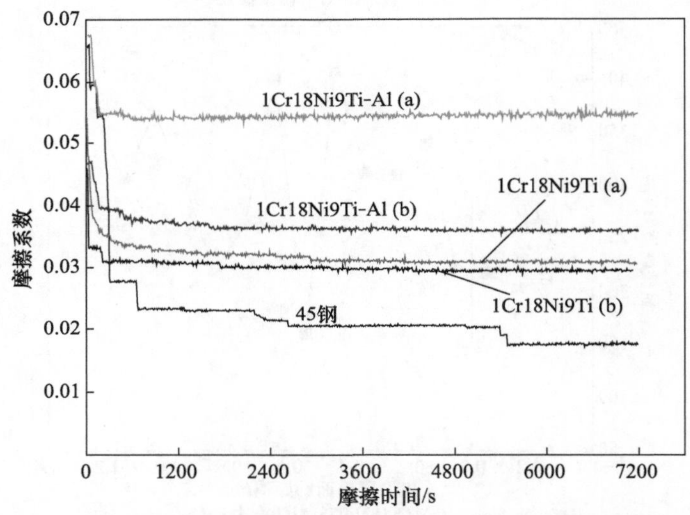

图 2.43 两种涂层及 45 钢在不同油润滑条件下的摩擦系数变化曲线

图 2.44 为 1Cr18Ni9Ti-Al 伪合金涂层在油润滑条件下的磨痕表面形貌。可以看出，1Cr18Ni9Ti-Al 伪合金涂层磨痕表面较光滑，没有明显的划痕，存在不同程度的剥落坑；剥落坑分布较少但都较大且深。

在油润滑条件下，1Cr18Ni9Ti-Al 伪合金涂层主要表现为不锈钢颗粒从它与 Al 颗粒相结合的边缘产生分离导致整体剥落，由于“软、硬相交错叠加”这一特征的组织结构具有降低氧化物含量、释放残余应力、抵抗摩擦副冲击和阻碍裂纹扩展等性能，使涂层产生磨损所需的能量大大提高，从而延缓了磨损的进程，提高了耐磨性能。

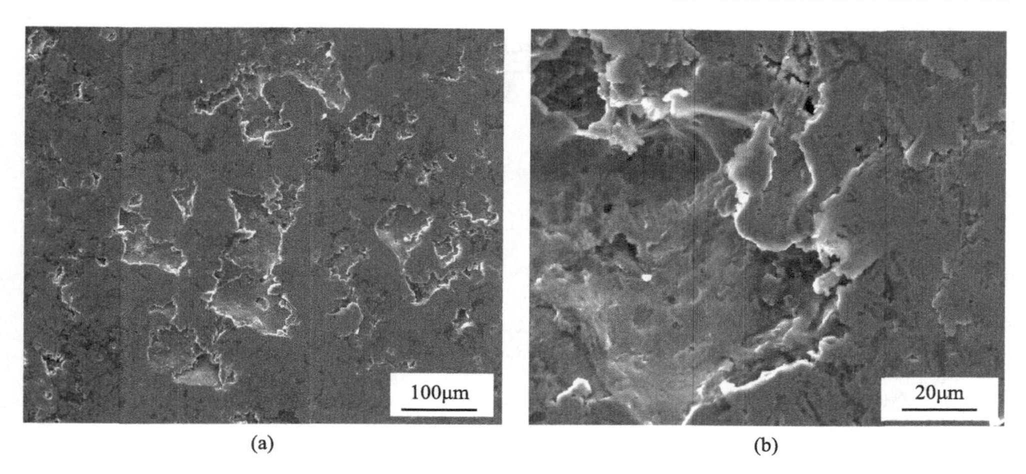

图 2.44　1Cr18Ni9Ti-Al 伪合金涂层在油润滑条件下的磨痕表面形貌

2.4.4　再制造应用效果分析

再制造一台斯太尔汽车发动机缸体，手工喷涂所用时间均为 1.5h，其中，喷涂作业时间大约为 27min（喷涂一遍大约需要 4.5min）；自动化喷涂所用时间约为 30min，喷涂作业时间大约是 15min（喷涂一遍大约需要 2.5min），工作效率提高了 2 倍。再制造缸体所用的材料是低碳马氏体、1Cr18Ni9Ti 和 Al，它们的市场价格和喷涂耗材率如表 2.14 所示。再制造一台斯太尔发动机缸体所需材料及费用预算如表 2.15 所示，可以看出，手工再制造一台斯太尔发动机缸体所需材料的费用是 444.5～486 元，而自动化高速电弧喷涂技术再制造一个发动机缸体仅需 247.5～270 元，而铸造一台新斯太尔汽车发动机缸体的成本是 9000 元。工人（2 人）工时费节省了 80 元。另外，再制造一台斯太尔发动机缸体节能、节材都在 90%以上。喷涂产生的灰尘通过专门设计的过滤设备后，对环境没有污染。

表 2.14　所用材料参考价格和喷涂耗材率

材料	价格/（元/kg）	喷涂耗材率/（kg/h）
低碳马氏体	60	22～24
1Cr18Ni9Ti	40	14～15
Al	30	7～8

表 2.15 再制造一台斯太尔发动机缸体所需材料及费用预算

喷涂方式	材料	耗材/kg	费用/元	工人工时费/元
手工喷涂	低碳马氏体	1.65～1.8	99～108	120
	1Cr18Ni9Ti	6.3～6.75	252～270	
	Al	3.15～3.6	93.5～108	
合计	—	—	444.5～486	120
自动化喷涂	低碳马氏体	0.92～1.0	55～60	40
	1Cr18Ni9Ti	3.5～3.75	140～150	
	Al	1.75～2	52.5～60	
合计	—	—	247.5～270	40

参考文献

[1] 徐滨士,李长久,刘世参,等.表面工程与热喷涂技术及其发展[J].中国表面工程,1998,11(1):3-9.

[2] Xu B S. Nano surface engineering and remanufacture engineering[J]. Transactions of Nonferrous Metals Society of China,2004,14(21):1-5.

[3] Xu B S,Liang X B,Dong S Y,et al. Progress of nano-surface engineering[J]. International Journal of Materials Production Technology,2003,8(4-6):338-343.

[4] Unger R H,Belashchenko V E,Krastochvil W R. A new arc spray system to spray high density,low oxide coatings[C]//Proceedings of the 15th International Thermal Spray Conference,Nice,1998:1489-1493.

[5] Schoop M U. A new process for the productions of metallic coatings[J]. Chemical and Metallurgical Engineering,1920,(8):404-406.

[6] Browning J A. Ignition method and system for internal burner type ultra-high velocity flame jet apparatus[P]:US4342551. 1982.

[7] Browning J A. Method of dual fuel operation of an internal burner type ultra-high velocity flame jet apparatus[P]:US4343605. 1982.

[8] Gorlach I A. The application of HVAF for thermal spraying of hard coatings[J]. Research & Design Journal,2009,25(1):40-43.

[9] Baranovski V,Verstak A. High-velocity thermal spray apparatus and method of forming materials[P]:US6245390. 2001.

[10] Kosikowski D,Batalov M,Mohanty P S. Functionally graded coatings by HVOF-

Arc hybrid spray gun[C]//Proceedings of the International Thermal Spray Conference 2005, Basel, 2005: 444-449.

[11] 陈永雄，梁秀兵，徐滨士. 高速燃气-电弧复合热喷涂方法及其使用的喷枪[P]: ZL201510001740.1.2015.

[12] 陈永雄，梁秀兵，徐滨士，等. 一种高速燃气热喷涂用燃油雾化喷嘴[P]: ZL201510002212.8.2015.

[13] 甘晓华. 航空燃气轮机燃油喷嘴技术[M]. 北京：国防工业出版社，2006.

第 3 章　自动化纳米电刷镀技术

电刷镀技术是再制造关键技术和表面工程技术的重要组成部分，是电镀技术的一个重要分支和补充，已广泛应用于航空航天、铁路、煤炭、水电、石油化工和国防等各个领域机械零部件的再制造修复，主要用于再制造修复设备零件表面的磨损、拉伤、划痕、裂纹和烧蚀等损伤。

3.1　纳米电刷镀技术

纳米电刷镀技术是将传统电刷镀技术与新兴的纳米技术相结合，在保留传统电刷镀技术设备简单、工艺灵活特点的基础上，又充分利用了纳米材料的优益性能和在复合镀层中的弥散强化作用，使得电刷镀层的性能大幅提升，应用范围大大拓展[1]。

3.1.1　电刷镀原理

电刷镀是采用含有电解液并同阳极接触的垫或刷在被镀的阴极上移动以生成镀层的一种电镀方法，其工作原理示意图如图 3.1 所示[2]。电

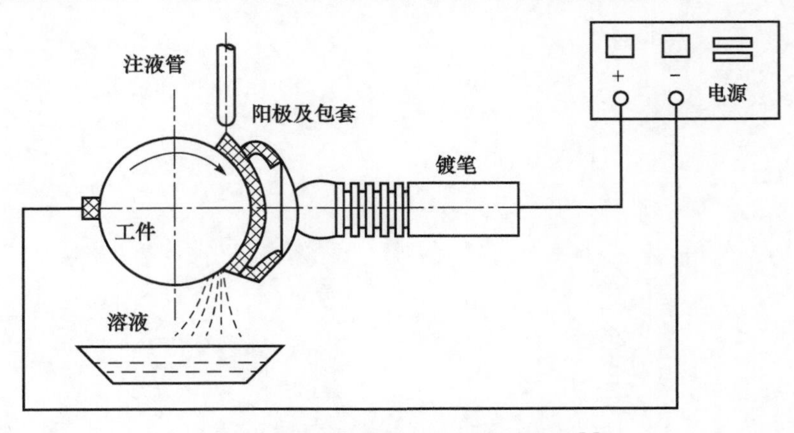

图 3.1　电刷镀工作原理示意图[2]

刷镀时，工件与直流电源的阴极相连，电刷镀笔与电源阳极连接。电刷镀笔上的阳极包裹着蘸有镀液的棉花和棉纱布，并始终与工件待镀表面保持接触。电刷镀笔与工件保持相对运动，电解液中的金属离子在电场作用下不断向工件表面迁移，从工件表面获得电子后还原成金属离子并结晶沉积在工件表面上形成金属镀层。随着电刷镀的不断进行，镀层面积和厚度不断增加。

3.1.2 电刷镀主要特点

(1) 设备简单便携。电刷镀设备体积小、重量轻，不需要镀槽，也不需要挂具，占用场地少，适用于野外抢修及现场修复。

(2) 工艺简单，操作灵活。电刷镀笔（阳极）可根据需要制成各种样式，以方便对再制造待修复面进行电刷镀。同时，不镀的部位不需用很多材料保护，非常适用于大设备的不解体现场修理。另外，电刷镀时，镀层厚度可由电刷镀笔和工件的相对运动速度控制，既可以均匀地镀，也可以不均匀地镀。

(3) 效率高。电流密度一般比槽镀的电流密度大几到几十倍。同时，由于镀液中金属离子含量一般也比槽镀高几到几十倍，电刷镀速度比槽镀快几到几十倍。

(4) 镀液种类多，应用范围广。目前已有 200 多种不同用途的镀液，可以在金属材料上镀，也可以在非金属材料上镀，满足各种工况的不同需求。

(5) 镀层质优可控。电刷镀过程中，镀液能随电刷镀笔及时送到工件表面，大大缩短了金属离子扩散过程，不易产生金属离子贫乏现象，可以得到致密的镀层。同时，由于电刷镀笔与工件有相对运动，镀液中的金属离子只是在电刷镀笔与工件接触的那些部位放电还原结晶且散热条件好，在使用大电流密度电刷镀时，不易使工件过热，此外，电刷镀笔的移动限制了晶粒的长大和排列。因此，镀层主要由大量的超细晶粒组成，且存在高密度位错，性能优越。

(6) 镀液性能稳定，使用时不需要化验和调整且无毒、不燃、不爆，对环境污染小，能保证手工操作的安全，也方便储存和运输。

(7) 经济环保。镀后一般不需进行机械加工，修复周期短、费用低和经济效益高。同时，设备的用电量、用水量比槽镀少得多，且镀液可以回收，节约能源、资源[3]。

3.1.3　纳米电刷镀原理及特点

纳米电刷镀技术就是在电刷镀镀液中加入一种或几种纳米粒子，使它们在电刷镀过程中与金属发生共沉积形成具有特定优异性能的复合镀层技术。纳米电刷镀的基本原理与普通电刷镀相似，复合镀液中的金属离子在电场力作用下扩散到零件表面，在零件表面被还原成金属原子并沉积结晶形成复合镀层的金属基质相，而纳米粒子在电场力作用下或在络合离子挟持作用下沉积在零件表面，成为复合镀层的颗粒增强相。

纳米电刷镀除具有普通电刷镀技术的一般特点外，还具有不同于普通电刷镀的一些特点，主要表现在纳米电刷镀镀液、纳米电刷镀复合共沉积机理、纳米电刷镀镀层组织和性能等。

(1) 纳米电刷镀镀液。纳米电刷镀镀液中含有大量的纳米尺度的特定粒子，而且纳米粒子在基质镀液中均匀分散和悬浮稳定。同时，纳米粒子的存在不显著影响镀液的性质（酸碱性、导电性和耗电性等）和电刷镀性能（沉积速度、镀覆面积等）。如何使纳米粒子在基质镀液中均匀分散和悬浮稳定，直接关系到纳米电刷镀镀层的性能，这是纳米电刷镀的核心技术，这也直接造成纳米电刷镀技术中所使用的电净液、活化液和普通电刷镀是不同的。同时，不同纳米粒子的导电性、活性和亲水能力也不同。因此，根据电刷镀镀层用途选定的基质电刷镀镀液、纳米粒子种类及其加入量、所用电净液、活化液、电刷镀工艺等都有差异。

(2) 纳米电刷镀复合共沉积机理。纳米电刷镀复合共沉积机理目前主要有吸附机理、力学机理和电化学机理三种不同的理论观点。

吸附机理认为纳米粒子与金属发生共沉积的先决条件是纳米粒子在阴极上吸附，当纳米粒子在其与阴极表面之间的范德瓦耳斯力作用下吸附于阴极表面后，随机被生长的金属埋入，形成复合共沉积。

力学机理认为纳米粒子的共沉积过程只是一个简单的力学过程，纳米粒子在接触到阴极表面时，在外力作用下停留其上，进而被生长的金属俘获发生共沉积。因此，搅拌强度和纳米粒子撞击阴极表面的频率等流体动力因素对复合共沉积过程有重要影响。

电化学机理认为纳米电刷镀复合共沉积的先决条件是纳米粒子有

选择地吸附镀液中的正离子，从而形成较大的正电荷密度。荷电的纳米粒子受电场力作用电泳迁移至阴极表面，并被金属埋入镀层中形成共沉积。

(3) 纳米电刷镀镀层组织和性能。纳米电刷镀复合共沉积过程中，纳米粒子均匀弥散地分布在金属基相中，也能一定程度上起到阻断基相组织长大的作用，可以得到微晶加大量纳米晶和非晶组织的镀层。同时，均匀弥散分布的纳米粒子可以起到沉淀强化相作用。因此，相比未添加纳米粒子的镀层，纳米电刷镀镀层在硬度、耐磨性、抗疲劳性能和抗高温性能方面都会有明显的提高。

3.2　纳米电刷镀工艺

纳米电刷镀与普通电刷镀的一般工艺过程相同，主要包括镀前预处理、镀件电刷镀和镀后处理三大部分，每个部分又包含几道工序。操作过程中，每道工序完毕后需立即将镀件冲洗干净。

1. 镀前预处理

镀前预处理的作用主要是清洁待镀工件表面，使其露出新鲜活化的基体表面，便于金属和纳米粒子沉积形成结合良好的镀层。预处理主要包括四个步骤。

(1) 表面整修。待镀件的表面必须平滑，故镀件表面存在的毛刺、锥度、不圆度和疲劳层都要用切削机床精工修理，或用砂布、金相砂纸打磨，以获得正确的几何形状和暴露出基体金属的正常组织，一般修整后的镀件表面粗糙度 Ra 应在 $5\mu m$ 以下。

(2) 表面清理。表面清理指采用化学及机械的方法对镀件表面的油污、锈斑等进行清理。当镀件表面有大量油污时，先用汽油、煤油、丙酮或乙醇等有机溶剂除去绝大部分油污，然后再用化学脱脂溶液去除残留油污，并用清水洗净。若表面有较厚的锈蚀物，可用砂布打磨、钢丝刷刷除或喷砂处理，以除去锈蚀物。对于表面所沾油污和锈斑很少的镀件，不必采用上述处理方法，直接用电净法和活化法来清除油污和锈斑即可。

(3) 电净处理。电净处理就是槽镀工艺中的电解脱脂。电刷镀中对任何基体金属都用同一种脱脂溶液,只是不同的基体金属所要求的电压和脱脂时间不一样。电净时一般采用正向电流(镀件接负极),对有色金属和对氢脆特别敏感的超高强度钢,采用反向电流(镀件接正极)。电净后的表面应无油迹,对水润湿良好,不挂水珠。

(4) 活化处理。活化处理用以去除镀件在脱脂后可能形成的氧化膜并使镀件表面受到轻微刻蚀而呈现出金属的结晶组织,确保金属离子能在新鲜的基体表面上还原并与基体牢固结合,形成结合强度良好的镀层。活化时,一般采用阳极活化(电刷镀笔接负极)。

2. 镀件电刷镀

1) 电刷镀打底层

由于电刷镀镀层在不同金属上的结合强度不同,有些电刷镀镀层不能直接沉积在钢铁上,对一些特殊镀种要先电刷镀一层打底层作为过渡,厚度一般为 0.001～0.01mm。常用的打底层镀液有以下几种:

(1) 特殊镍或钴镀液。特殊镍或钴镀液用于一般金属,特别是不锈钢、铬、镍等材料和高熔点金属作为打底层,以使基体金属与镀层具有良好的结合力。酸性活化后可不经水清洗,在不通电条件下用特殊镀镍液擦拭待镀表面,然后立即电刷镀特殊镍。

(2) 碱铜镀液。碱铜镀液中碱铜的结合强度比特殊镍差,但镀液对疏松的材料(如铸钢、铸铁)和软金属(如锡、铝等)的腐蚀性比特殊镍小,所以常作为铸钢、铸铁、锡、铝的打底层。

(3) 低氢脆镉镀液。对氢特别敏感的超高强度钢,经阳极电净、阴极活化后,用低氢脆镉作打底层,可以提高镀层与基体的结合强度并避免渗氢的危险。

2) 电刷镀工作镀层

工作镀层是一种表面最终电刷镀镀层,其作用是满足表面的力学性能、物理性能、化学性能等特殊要求。根据镀层性能的需要来选择合适的电刷镀溶液。例如,用于耐磨的表面,工作镀层可以选用镍、镍-钨和钴-钨合金等;对于装饰表面,工作镀层可选用金、银、铬、半光亮镍等;对于要求耐腐蚀的表面,工作镀层可选用镍、锌、铜等。

3. 镀后处理

电刷镀完毕要立即进行镀后处理，清除镀件表面的残积物，如水迹、残液痕迹等，采取必要的保护方法，如烘干、打磨、抛光、涂油等，以保证电刷镀零件完好如初。

3.3　自动化电刷镀系统

基于前述的纳米电刷镀工艺，可对自动化电刷镀设备进行设计，如图 3.2 所示。

3.3.1　自动化电刷镀系统总体结构

1. 整机结构形式

自动化电刷镀系统设计采用单轴固定工作台，包括底座、立柱、主轴箱、固定工作台、顶箱、清洗系统、润滑系统、供液与回收系统、防护装置、电气控制系统等部件。其中，底座、立柱、顶箱采用焊接件，主轴箱和固定工作台等零件采用铸件。

2. 机床的主要技术参数

机床的主要技术参数如表 3.1 所示。

表 3.1　机床的主要技术参数

<table>
<tr><th>序号</th><th colspan="2">参数名称</th><th>单位</th><th>数值</th></tr>
<tr><td>1</td><td colspan="2">电刷镀孔直径</td><td>mm</td><td>88</td></tr>
<tr><td>2</td><td colspan="2">主轴转速范围</td><td>r/min</td><td>0～250</td></tr>
<tr><td>3</td><td colspan="2">主轴往复次数</td><td>次/min(双行程)</td><td>无级</td></tr>
<tr><td>4</td><td colspan="2">主轴最大行程</td><td>mm</td><td>610</td></tr>
<tr><td>5</td><td colspan="2">主轴往复最大速度</td><td>m/min</td><td>5</td></tr>
<tr><td>6</td><td colspan="2">主轴端面距工作台面距离</td><td>mm</td><td>780～1430</td></tr>
<tr><td>7</td><td colspan="2">工作台面积</td><td>mm×mm</td><td>600×800</td></tr>
<tr><td>8</td><td>主旋电机</td><td rowspan="3">功率/转速</td><td rowspan="3">kW/(r/min)</td><td>1.1/1000</td></tr>
<tr><td>9</td><td>往复电机</td><td>0.75/3000</td></tr>
<tr><td>10</td><td>供液泵电机</td><td>—</td></tr>
<tr><td>11</td><td colspan="2">机床外形尺寸(主机)</td><td>mm</td><td>1600×1800×3560</td></tr>
<tr><td>12</td><td colspan="2">机床质量</td><td>kg</td><td>约 3000</td></tr>
</table>

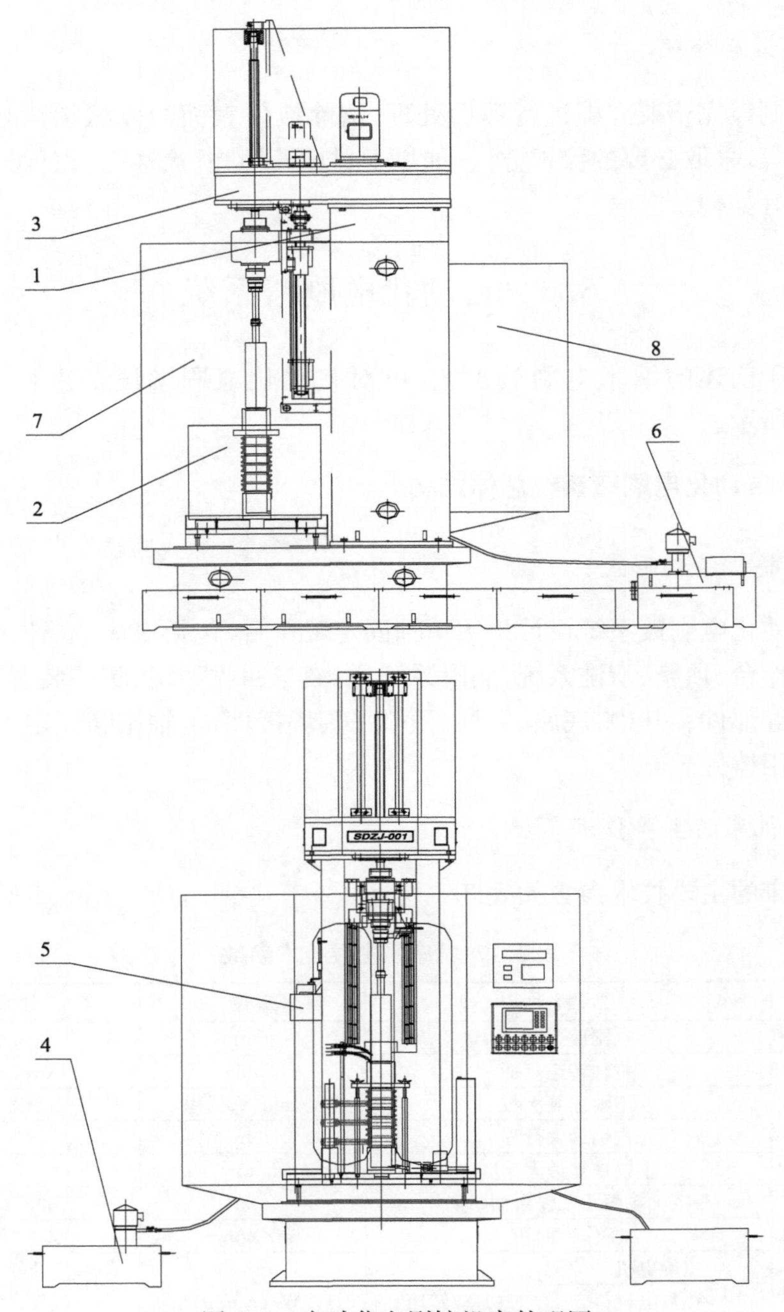

图 3.2　自动化电刷镀机床外观图

1. 底座、立柱、主轴箱；2. 固定工作台；3. 顶箱；4. 供液与回收系统；5. 润滑系统；6. 清洗系统；7. 防护装置；8. 电气控制系统

3. 机床主要部件结构形式

1）机床主旋运动

变频电机通过齿形带和齿轮传动带动主轴旋转，可实现主轴的无级变速控制，并配备有相应的变频器。

2）机床往复运动

主轴往复运动是由伺服电机通过减速器带动滚珠丝杠副做直线运动，实现主轴往复运动。往复行程两端极限位置及零位由行程开关控制，往复速度及往复行程可调整。伺服电机带制动功能。

3）机床电气控制系统

触摸屏配有计算机接口，便于计算机控制，可根据需要设定不同界面和调整工艺参数，如往复运动界面可以设定运动速度、行程，各工序电刷镀过程界面可以设定电刷镀时间等。在操作站上配备按钮及指示灯，用于各种控制及显示。

4）机床润滑系统

采用自动润滑系统，可定时定量进行润滑，使各润滑点润滑充分、可靠，能保证机床寿命和精度。

5）机床电刷镀镀液供给与回收系统

电刷镀镀液供给系统配备供给箱、供液泵、电磁阀、液位计等，要求选用耐腐蚀材料，并能分别装几种镀液，不混液，无渗漏。电磁阀体采用聚四氟乙烯材料制造，供给箱采用PVC耐腐蚀材料，容积为50L。镀液回收系统包括镀液收集机构和镀液分配机构，收集机构能够将镀液进行分类收集，分配机构能够自动将镀液分类回收到对应的镀液箱中，镀液之间不产生混淆。

6）电刷镀废液收集箱

废液收集箱用于自动收集电刷镀过程产生的冲洗废液，采用PVC耐腐蚀材料制造，容积为1000L。

7）电刷镀清洗系统

电刷镀清洗系统配备电加热装置和电磁阀，加热装置的温度可调，可以控制水温到设定的温度。

8）机床防护装置

为了防止加工过程中镀液飞溅及保证操作人员安全，采用全封闭防护装置,配有推拉门,顶部安装抽烟机,可将电刷镀过程中产生的刺激性气味抽出,使操作环境良好。

9) 机床工作台

机床工作台尺寸为800mm×600mm,配有T形槽和中心孔。为了防止底座、工作台不被腐蚀,在工作台上装有不锈钢防腐蚀接盘。在工作台侧面固定有支架,用以支撑连杆装夹定位装置。在立柱前面固定一块不锈钢板,防止立柱生锈。

10) 引入200A电源后的绝缘处理

在引入200A电源后,在主轴和镀头中间的连接杆上加一层尼龙材料用以绝缘,同时在工作台上加一层3025酚醛层压布板(胶木板)用以绝缘。

3.3.2 自动化电刷镀基础镀液的成分设计及优化

电刷镀的基础镀液需要进行优化设计,需要在零件自动化电刷镀过程中较好地维持镀液中Ni^{2+}的平衡,并可长期循环使用。

镀液成分的设计需要解决以下问题:①传统电刷镀镀液的电刷镀工艺要求电压高、电流密度大;②传统电刷镀不适宜可溶性阳极;③镀液的稳定性要好,抗杂质污染能力强。因此,镀液成分的设计可以考虑以下设计方案。

(1) 去除镀液中的络合剂。传统电刷镀镀液是为适应电刷镀断续沉积而设计的,其方法是向镀液中添加大量的络合剂。络合离子附着在金属离子周围,增加了金属离子沉积时的过电位,要求采用较高的电压,使得电刷镀时电流密度大、沉积速度高成为可能,得到性能优异的镀层。但有时采用电刷镀装置进行电刷镀,电刷镀的断续沉积变成了连续沉积,如果依然采用高电压,则电流强度太大,发热量太高,很容易造成镀层烧伤。因此,必须减少或去除镀液中的络合剂,以降低镀液对刷镀电压的要求。

(2) 添加阳极溶解剂。传统电刷镀采用的阳极是不溶性(石墨)材料,其镀液也是根据其特点而设计的,并因此造成镀液中40%以上的镍无法有效利用。当针对少量甚至个别零件进行修复时,由于镀液用量很少,这种设计既方便又经济。但是,当电刷镀的零件是批量化的待再制造零件时,就会造成巨大的浪费。因此,在新型电刷镀笔设计时,为了延长镀液的使用寿命,采用了可溶性镍阳极。但由于传统镀液没有添加阳极溶解剂,阳极很容易钝化而无法溶解,起不到应有的效果。因此,镀液中必须添加阳极溶解剂。

(3) 添加pH缓冲剂。每种镀液设计和使用时都有一个pH范围和杂质容忍程度,好的镀液可以拥有较宽的pH范围,同时还可以具有较强的抗干扰能力,这种能力可以通过添加pH缓冲剂来实现。

依据以上分析,并参考瓦特镍镀液的组成[3],提出内孔电刷镀镀液的主要配方为:硫酸镍250～300g/L,氯化镍30～60g/L,硼酸35～40g/L。其中,硫酸镍为主盐,起着供给Ni^{2+}的作用;硼酸为缓冲剂,起着稳定镀液pH的作用;氯化镍中的氯离子是一种阳极活化剂,作用是防止阳极钝化,促进阳极溶解,保证镀液中镍离子的正常补充。镀镍液中氯离子含量过低,阳极容易钝化,致使镀液中镍离子的含量下降;氯离子含量过高则会使阳极过腐蚀,容易造成镀层毛刺,而且还会增加镀层的内应力,从而影响镀层的质量。大量研究表明,当阴阳极面积比为1∶1时,镀液中氯化镍的含量为40～50g/L为最佳。但由于内孔电刷镀时,阴阳极面积比过大(2∶1～5∶1),因此需要优化试验来确定镀液中的氯化镍添加量。

另外,在瓦特镍镀液中,一般还要加入少量的十二烷基硫酸钠作为湿润剂。在电镀过程中,阴极往往发生析氢副反应。氢的析出,不仅降低了阴极电流效率,而且氢气泡在电极表面的停留会使镀层出现针孔。十二烷基硫酸钠是一种阴离子型的表面活性剂,能吸附在阴极表面,降低电极与溶液间界面的张力,从而使气泡容易离开电极表面,防止镀层产生针孔。但在前述所设计的电刷镀工艺中,电刷镀笔上的毛刷不断地扫刷阴极表面,使产生的氢气难以在阴极表面形成停留气泡,便不会产生针孔。而且,加入十二烷基硫酸钠还会使镀液在搅动过程中产生大量泡沫,不但会使镀液大量流失,而且还会使内孔零件的上半部分被泡沫占据,影响镀层的正常沉积。因此,在电刷镀镀液中不再添加十二烷基硫酸钠。

此外,对镀液中的氯化镍添加量进行了优化,试验结果如图3.3所示。可以看出,随着阴阳极面积比的增大,镀液中需要添加更多的氯化镍以维持镀液中镍离子浓度的平衡。当阴阳极面积比为2∶1时,氯化镍添加量为60g/L;当阴阳极面积比为3∶1时,氯化镍添加量为60～70g/L;当阴阳极面积比为4∶1以上时，氯化镍添加量为 70～80g/L。

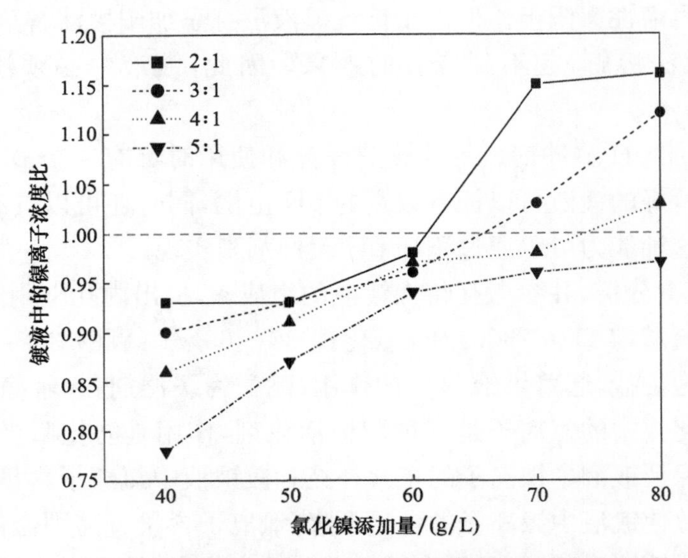

图 3.3　氯化镍添加量对维持镀液中镍离子浓度的影响

但是，随着氯化镍添加量的增加，阳极的溶解不均匀性增加，阳极泥和阳极渣(从阳极上呈颗粒状脱落下来的金属镍)增多。而且，氯化镍的增加还会导致镀液成本上升和镀液腐蚀性增强，因此为了降低镀液中氯化镍的添加量，最好减小阴阳极面积比，使其控制在 2∶1～3∶1，镀液中氯化镍添加量为 60～70g/L。

3.3.3　自动化电刷镀系统装夹密封装置

自动化电刷镀装夹密封装置设计要求包括以下内容：

(1) 解决多个零件同时电刷镀的问题(针对浅孔零件)。

(2) 解决连续供液和供液均匀性的问题。

(3) 解决连续电刷镀的问题。

(4) 解决需多次更换电刷镀笔的问题。

(5) 解决电刷镀均匀性的问题。

(6) 解决镀液浪费(镀液中 40%以上的金属离子不能有效利用)的问题。

装夹密封装置的设计思想是将一个或多个内孔类零件变成一个顶部开

口的容器。装夹密封装置由底座、顶盖、密封垫圈和固定螺栓等组成，它与待镀工件一起构成一个顶端开口的容器，用来盛装镀液，如图 3.4 所示。为了保证最下端的零件也能得到合格的镀层，底座上开有与零件内径相同的圆槽，槽深 20～50mm，确保电刷镀笔与最下端零件的下沿充分接触，底座上装有排液开关。顶盖的高度要求为 50～100mm，以确保镀液液面高过最上端零件的上沿。整个装置要求良好的密封，镀液不得渗漏。

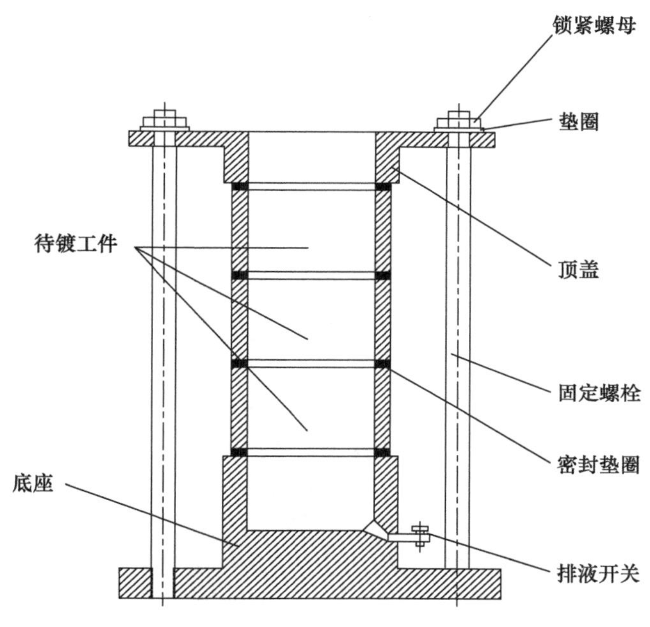

图 3.4　装夹密封装置示意图

3.3.4　自动化电刷镀笔

传统电刷镀笔一般采用石墨作阳极，并在外面裹上脱脂棉和涤棉套，如图 3.5 所示。这种电刷镀笔具有设计简单、通用性强、灵活便捷等优点，在传统手工刷镀阶段发挥了不可替代的作用，但是这种电刷镀笔不适合自动化生产的长时间作业。

依据零件特点和自动化要求，针对自动化电刷镀工艺特点，在传统电刷镀笔基础上设计研制了新型电刷镀笔，如图 3.6 所示。但在进行自动化电刷镀试验时，由于刷镀的对象是批量化的零件，这种电刷镀笔暴露出一些问题。

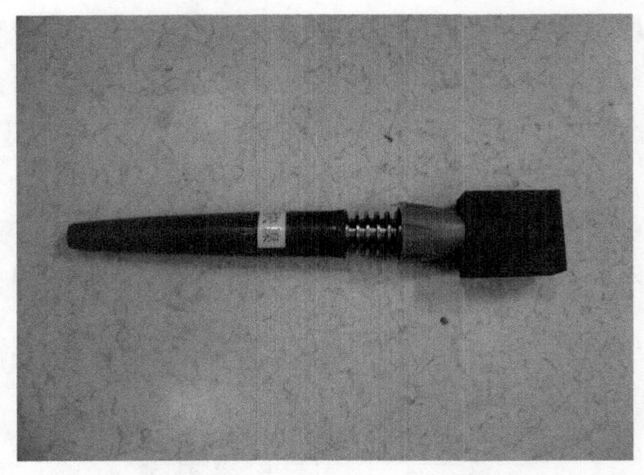

图 3.5 传统电刷镀笔

(1) 包套寿命短。随着镀层的增厚和变得粗糙,包套很容易被刮破,不仅易造成阳极与工件表面短路烧伤,而且刮下的包套和脱脂棉经常造成镀层夹杂。

(2) 镀液浪费严重。随着电刷镀时间的延长,镀液中的金属离子浓度下降,但金属离子浓度下降到原浓度的 40%左右时,便无法继续得到合格的镀层,这种情况下镀液就不得不报废,而此时镀液中还有 40%左右的金属(一般是镍)没有利用,造成很大的浪费。

(3) 需多次更换电刷镀笔。电刷镀工艺过程包括电净、强活化、弱活化、打底层和电刷镀工作层等多步工序,由于镀液之间不能互相混淆,而电刷镀笔包裹材料中的残液很难清除干净,电刷镀过程中每步工序都需要更

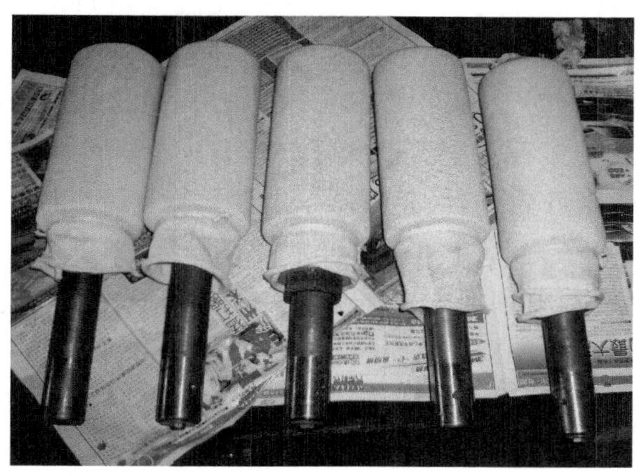

图 3.6　内孔电刷镀笔

换电刷镀笔，不利于实现自动化电刷镀。

（4）零件装夹精度要求高。由于包套内的棉花弹性很小，必须要求电刷镀笔与工件之间有很高的配合精度，否则就会造成电刷镀笔与工件之间的压力分布不均，压力大的部分电流密度大，镀层沉积速度快，反之，压力小的部分电流密度小，沉积速度慢，最后的结果是电刷镀偏心，而且压力大的部分由于沉积速度快而导致镀层局部太厚，并且十分粗糙。在后期加工时，当磨到要求尺寸时，镀层薄的区域已几乎磨到基体，而厚区域的粗糙颗粒还没有磨掉，因而成为废品。就连杆零件而言，由于其尺寸的不规则性，装夹精度问题几乎是无法解决的，必须要从技术的角度入手，降低对装夹精度的要求。

(5) 电刷镀温度过高。在电刷镀镀液要求的刷镀电压下进行刷镀，其电流密度范围为1～2A/cm，在进行内孔零件刷镀时，由于电刷镀笔与零件接触面积较大，如果按照要求的电压进行刷镀，其电流将达到上千安培甚至数千安培，必将产生大量的热能。同时又由于此种电刷镀笔电刷镀时零件内所盛装的镀液量很少，镀液循环不畅，电刷镀产生的热量无法及时释放和冷却，造成温度迅速升高，烧伤镀层。

(6) 成本较高。电刷镀笔是个消耗品，在电刷镀过程中阳极会逐渐损耗，使用一段时间后由于尺寸不够就不得不更换，阳极所使用的高纯石墨价格较贵，因此电刷镀笔的更换成本很高。

综上所述，按传统方式设计电刷镀笔已无法满足自动化电刷镀的要求，需要对其进行改进和提高。

综合对电刷镀笔的分析，可以从以下两方面改进：一是选用可溶性阳极取代石墨阳极，以补充镀液中金属离子的消耗，延长镀液的使用寿命；二是选用弹性更好、耐磨性更强的材料取代棉花和涤棉套。对于镍镀液，选择金属镍即可取代石墨作为电刷镀笔的可溶性阳极，解决向镀液中补充金属离子的问题。而选择棉花和涤棉套的替代材料，是设计新型电刷镀笔的一个技术难点。

棉花和包套的作用主要有以下三点：一是储存并提供镀液；二是阻隔阳极与工件直接接触；三是清除镀层表面的杂质和气泡。而电刷镀内孔类零件时其内部是充满镀液的，因此就不需要提供储存镀液的功能，只需阻隔和清除的作用。另外，对材料还要求不导电和耐酸碱腐蚀[2,3]。综合分析后，决定选用弹性较好的动物毛(猪鬃、马尾等)制成的毛刷来取代棉花和包套。而且在保持一定毛长的情况下，毛刷有很好的弹性并且耐磨性好，制作镀笔刷时预留一定的尺寸，即使有少量的磨损依然可以使用，将延长其使用寿命。可溶性阳极置于电刷镀笔的中间，并与待镀零件表面保持一定的距离，即使阳极与待镀零件存在微小偏心，也不会明显影响其电流的分布，从而降低了对零件装夹精度的要求。

电刷镀工艺过程包括电净、强活化、弱活化、打底层和电刷镀工作层等多步工序，传统手工电刷镀每步工序都需要更换电刷镀笔，不利于自动化电刷镀。为了减少更换电刷镀笔次数甚至不更换电刷镀笔，对电刷镀笔进行了集成和改进，得到了NKSD-Ⅰ型内孔电刷镀笔，如图3.7和图3.8所示。

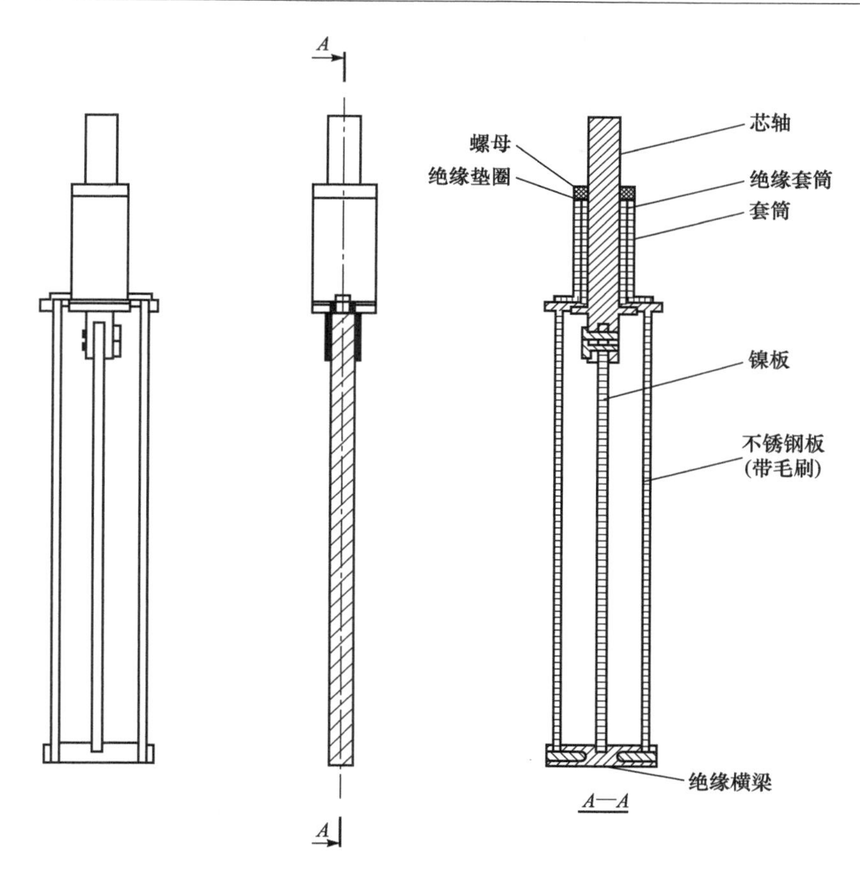

图 3.7　NKSD-Ⅰ型内孔电刷镀笔结构示意图

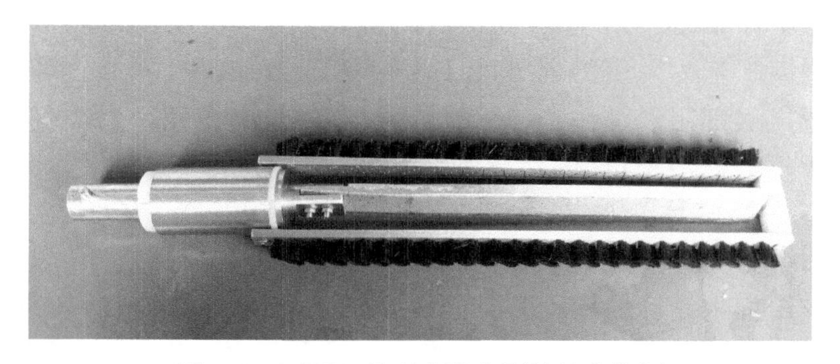

图 3.8　NKSD-Ⅰ型内孔电刷镀笔实物图

不锈钢板毛刷与套筒连接，芯轴与镍板连接，这两部分通过绝缘套筒和绝缘垫圈保持相互绝缘。电净和活化时，套筒通电，芯轴不通电，即不锈钢板毛刷带电，不锈钢板是电极，毛刷起阻隔（防止短路）和清洁作用，此时中心镍板不起作用。电刷镀工作层时，芯轴通电，套筒不通电，即中心的镍板成为阳极，不锈钢板不起作用，毛刷起清洁镀层表面的作用。各工序之间用清水冲洗，由于电刷镀笔的阳极包套改成了毛刷，其储存液体的能力很弱，经过清水冲洗后，上一步工序的溶液残留很少，基本不会对下一步工序的溶液产生影响。

试验研究表明，NKSD-Ⅰ型内孔电刷镀笔无论在结构还是实用性方面，相对于传统电刷镀笔都有了很大提升，完全可以实现一支电刷镀笔完成电刷镀全过程。但是，在使用过程中还需注意两个问题。一是阳极的切换。在前处理过程中将阳极切换到套筒（刷板）上，在沉积镀层时将阳极切换到芯轴（镍板）上。二是不锈钢刷板的侧面和背面（无毛一面）需要进行绝缘保护，否则在沉积镀层过程中，刷板将把刷板所在部分的镀液进行“短路”，并对镀液中镍离子的传递造成阻隔，使镍离子在刷板背面发生电沉积，而带有刷毛的刷板正面的金属（主要是铁）发生溶解，不仅缩短了毛刷的使用寿命，而且对镀液也会造成污染。

基于以上考虑，对 NKSD-Ⅰ型内孔电刷镀笔的结构进一步优化设计，得到了 NKSD-Ⅱ型内孔电刷镀笔，如图 3.9 所示。其中，刷板采用绝缘材料制成，固定着镍板的芯轴与电源正极相连。这样，无论前处理工序还是沉积镀层工序，都用镍板作为唯一的阳极。

电刷镀工艺中采用的前处理工序包括三步：电净、强活化和弱活化，每步完成之后都用清水冲洗。一般认为，电净时电源正接（镍板为阳极），此时镍板不会被污染；而强活化和弱活化时，电源反接（镍板为阴极），电解刻蚀下来的基体金属离子就有机会沉积在镍板上，有可能对其造成污染。

但采用优化设计的 NKSD-Ⅱ型内孔电刷镀笔后，前处理工序不会对阳极镍板造成污染，因此不会污染镀液。其主要原因为：①强活化液和弱活化液中的阳离子（主要是钠离子和氢离子）不会在镍板上发生沉积；②强活化和弱活化的时间都很短（1～2min），刻蚀下来的基体金属很少，其金属离子在活化液中的浓度很低，并且大部分存留在活化液中，在镍板

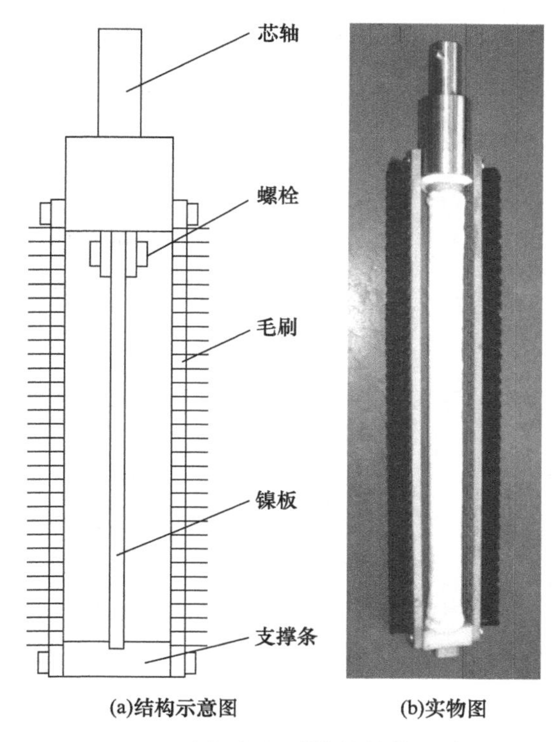

(a)结构示意图　(b)实物图

图 3.9　NKSD-Ⅱ型内孔电刷镀笔结构示意图及实物图

上发生的主要是析氢反应；③改良后的镀液采用镍镀液，成分简单，抗污染能力强，少量的杂质金属离子不会对镀液的性能造成影响，而且在长时间的电沉积过程中还会与镍离子一起发生共沉积，逐渐消耗，不会积攒在镀液中。

综上所述，新型电刷镀笔采用毛刷代替了脱脂棉和涤棉套，采用可溶性镍阳极替代了不溶性石墨阳极。新型电刷镀笔具有以下三个优点：①实现了多笔合一，解决了传统电刷镀笔在电刷镀过程中需多次更换（多达 5 次以上）的弊端，简化了电刷镀附加动作（不需要更换电刷镀笔）；②大大延长了电刷镀笔的使用寿命；③可溶性镍阳极随时补充了镀液中的镍离子消耗，使镀液长期循环使用成为可能。

3.3.5　自动化内孔电刷镀设备

根据前面的设计思想，设计制造自动化内孔电刷镀设备，如图 3.10 所示。其结构主要包括机座、立柱、滑架、电机、配重块、工件及其装夹密封装置。工件选用农用单缸柴油机的缸套,材料为灰口铸铁,内径为 100mm,高 200mm,电机转速为 0～300r/min 连续可调。采用 NKSD-Ⅱ型内孔电刷镀笔,电刷镀笔的最大外径为 108mm。

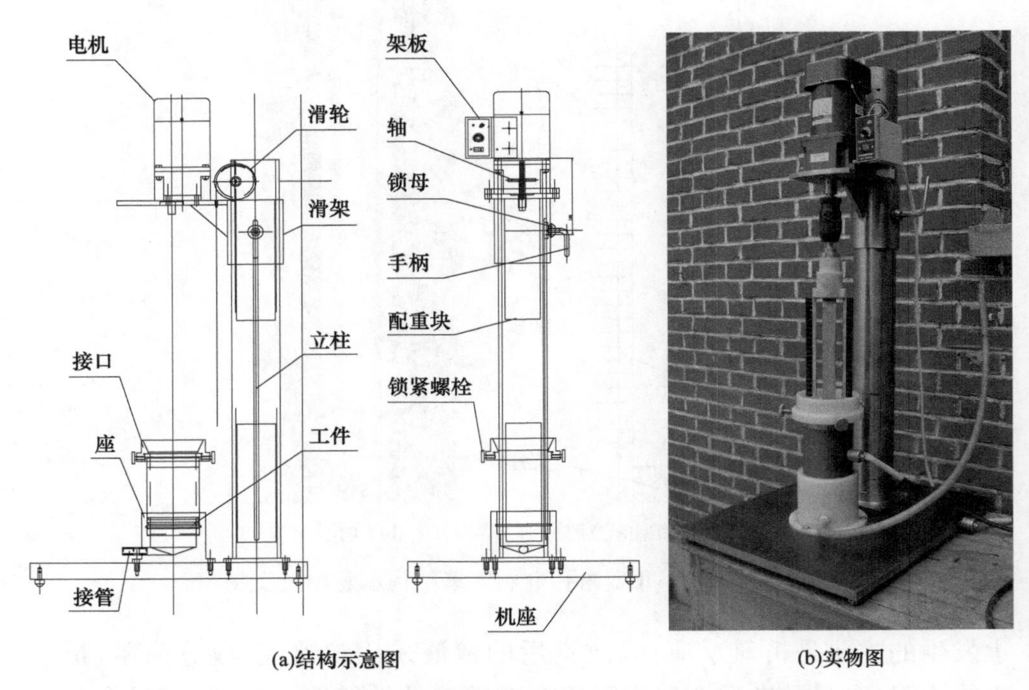

(a)结构示意图　　(b)实物图

图 3.10　自动化内孔电刷镀设备结构示意图及实物图

为了增强电刷镀笔的实用性,针对设备使用特点,对 NKSD-Ⅱ型内孔电刷镀笔又进行了改进,得到了 NKSD-ⅡA 型内孔电刷镀笔,如图 3.11 所示。改进的内容主要包括:①将芯轴延长并与下支架连接,使其成为电刷镀笔的骨架,增强电刷镀笔的刚性和抗变形能力;②为了防止芯轴接触的镀液发生电解,在芯轴的下端套上绝缘的塑料管,在芯轴的上部套上绝缘的支撑套,支撑套与芯轴之间装有密封圈,使其支撑套的下部与芯轴之间形成了一个上端密封的气密腔,依靠气体压力防止镀液进入气密腔接触芯轴上固定镍板的部位及固定螺栓。这种结构加强了电刷镀笔的刚度,而且镍板也能得到最充分的利用。

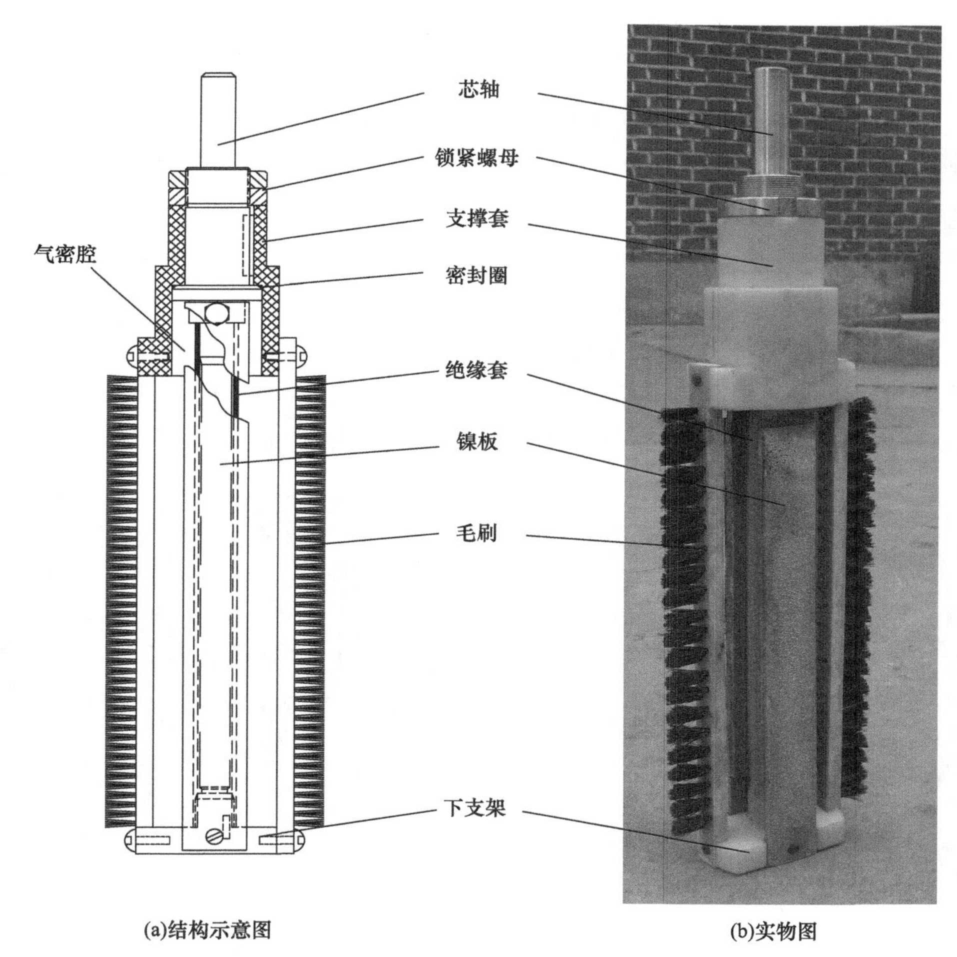

图 3.11　NKSD-ⅡA 型内孔电刷镀笔结构示意图及实物图

3.4　自动化电刷镀工艺参数优化设计

许多工艺参数都会影响内孔电刷镀的镀层质量，不仅包括一般电沉积行为的电流密度、镀液温度、搅拌方式及强度等，还包括内孔电刷镀所特有的毛刷及与其所关联的特有参数(如刷毛的强度、多少、长短、变形量大小以及刷板的条数、转速等)。而一些参数在实际工程中很难控制，且其影响规律十分复杂。在实际应用中选择易于控制的电刷镀笔转速和电流密度两个参数，研究其对镀层性能的影响规律。

3.4.1 电刷镀笔转速对镀层性能的影响

为了研究电刷镀笔转速对镀层性能的影响，首先利用内孔电刷镀装置进行镀层制备试验。制备镀层时，电流密度选择10A/dm，时间为60min，电刷镀笔转速依次设为50r/min、100r/min、150r/min和200r/min。然后切取试样，研究电刷镀笔转速对镀层的表面形貌、显微硬度和耐磨性能的影响。

1）电刷镀笔转速对镀层表面形貌的影响

图3.12为不同电刷镀笔转速下镀层表面形貌。可以看出，四种转速下得到的镀层表面形貌有所不同。电刷镀笔转速为50r/min时，镀层的表面要略显粗糙一些，另外三个转速下镀层表面形貌则差别不大，平整的镀层表

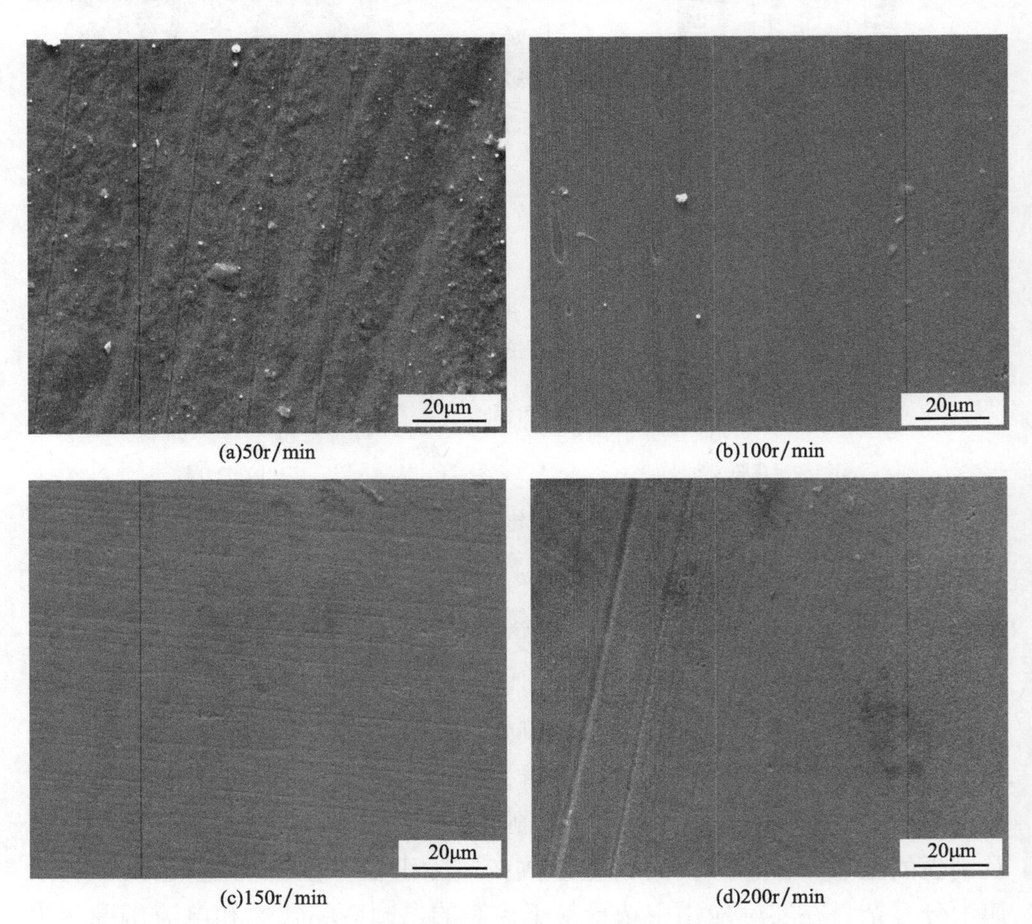

(a)50r/min (b)100r/min (c)150r/min (d)200r/min

图3.12 不同电刷镀笔转速下镀层的表面形貌

面上留有电刷镀笔毛刷运动的划痕。而镀层表面的粗糙度(见图 3.13)也反映了镀层表面的状态,电刷镀笔转速为 50r/min 时,镀层表面的粗糙度值为 1.219μm,转速为 100r/min 时迅速下降到 0.527μm,转速继续提高,粗糙度的变化不再明显。

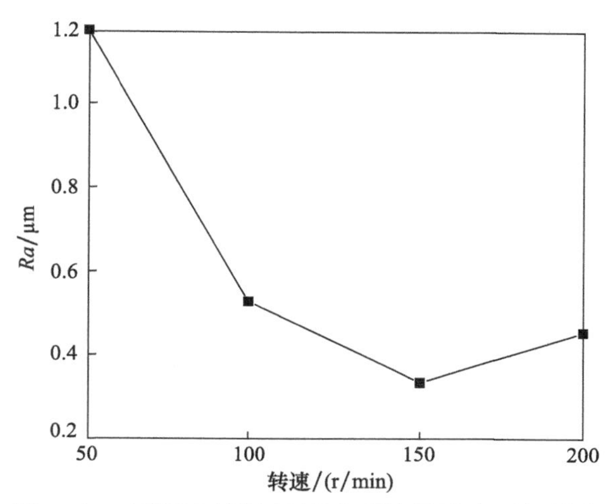

图 3.13　不同电刷镀笔转速下镀层的表面粗糙度

2) 电刷镀笔转速对镀层显微硬度的影响

图 3.14 为不同电刷镀笔转速下镀层的显微硬度。可以看出,当转速为 50r/min 时,镀层的显微硬度仅为 417HV_{100};当转速为 100r/min 时,镀层的显微硬度达到 575HV_{100}。转速继续升高,镀层的显微硬度变化不再明显。

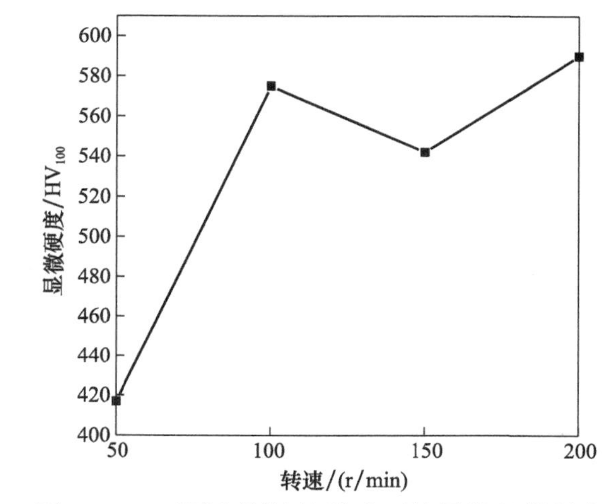

图 3.14　不同电刷镀笔转速下镀层的显微硬度

镀层显微硬度的大小主要与镀层的组织结构有关。图 3.15 是利用 X 射线衍射结果和 Scherrer 公式计算出来的镀层晶粒大小。可以看出，随着电刷镀笔转速的增加，镀层的晶粒尺寸呈减小的趋势。镀层的晶粒尺寸降低，会使镀层的显微硬度增加。

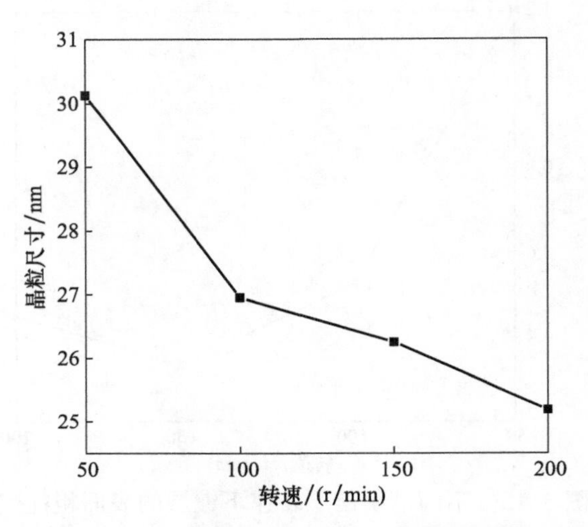

图 3.15　不同电刷镀笔转速下镀层的晶粒尺寸

3）电刷镀笔转速对镀层耐磨性能的影响

图 3.16 为不同电刷镀笔转速下镀层在 CETR 摩擦磨损试验机上的磨损失重结果。可以看出，随着转速的增加，磨损失重呈减小趋势，说明镀层的耐磨性能增强。随着电刷镀笔转速的增加，镀层表面粗糙度降低，并且镀层的显微硬度增大，进而提高了镀层的耐磨性能。

4）电刷镀笔转速对镀层沉积行为的影响

电刷镀笔转速的变化对电沉积过程产生的影响包括以下三个方面：

（1）对镀液的搅拌强度。电刷镀笔转速高，镀液搅拌充分，阴极表面的浓差极化就较弱；相反，电刷镀笔转速低，镀液搅拌相对减弱，阴极表面的浓差极化就会增强。适当地增加阴极极化对镀层的沉积是有利的，它可以细化镀层的晶粒，增加镀层的平整度。

（2）电刷镀笔与阴极表面的相对速度。电刷镀笔转速高，电刷镀笔与阴极表面的相对速度就高，毛刷对镀层生长的影响就强烈；相反，电刷镀笔转速低，电刷镀笔与阴极表面的相对速度就低，毛刷对镀层生长的影响就会减弱。

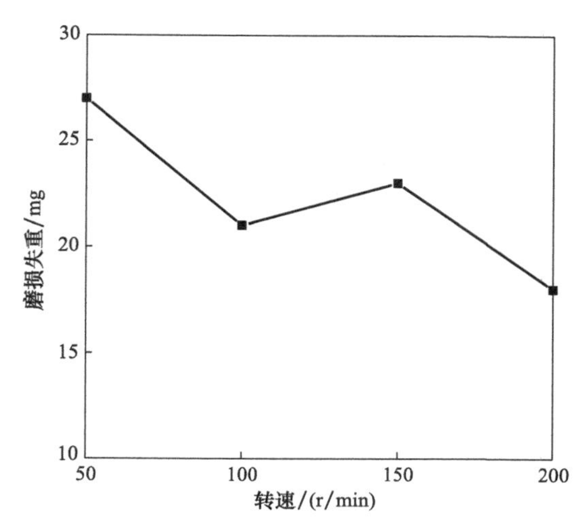

图3.16　不同电刷镀笔转速下镀层的磨损失重

(3) 电刷镀笔对阴极的作用频率。毛刷的宽度很窄(15mm),两条加在一起与阴极的面积比也仅为1∶10。因此,①在某一瞬间,镀层表面仅有10%的区域有毛刷作用,90%的区域是进行正常的电沉积;②在整个电刷镀过程中,包含两个动作,一个是刷,另一个是镀,而刷的时间只占镀的时间的10%;③内孔电刷镀过程中,镀是连续的,刷是断续的,电刷镀笔转动一周,镀层表面被刷两次,电刷镀笔转动越快,单位时间内镀层表面被刷到的次数就会越多。

从试验结果可以看出,电刷镀笔转速的变化影响内孔电刷镀镀层的组织、结构和性能。电刷镀笔转速提高可以细化镀层的组织,从而提高镀层的硬度。

因此,要想获得良好的电刷镀效果,电刷镀笔必需要达到一定的转速,即不小于100r/min。这样刷毛作用在镀层表面的速度和频率才可以充分影响镀层的生长。但当电刷镀笔转速大于200r/min时,对镀液搅动也增强,由于离心力的作用,装在缸孔内的镀液会出现旋流,大量的镀液被旋出,而且旋涡中心部位由于没有镀液导电,在与其平行的缸孔表面也无法沉积镀层。

综上分析,电刷镀笔转速选择100～150r/min为宜。

3.4.2　电流密度对镀层性能的影响

试验在内孔电刷镀装置上进行。制备镀层时,电刷镀笔转速设为100r/min,电流密度依次选择4A/dm^2、8A/dm^2、12A/dm^2、16A/dm^2,为了使制备的镀层厚度接近，电刷镀时间对应选择为 120min、60min、40min、30min。然后切取试样，研究电刷镀笔转速对镀层的表面形貌、显微硬度和耐磨性能的影响。

1）电流密度对镀层表面形貌的影响

图 3.17 为不同电流密度下镀层的表面形貌。可以看出，图 3.17(a)所示的表面形貌要相对粗糙一些，毛刷的"划痕"较深，而图 3.17(b)～(d)的表面"划痕"则较浅。图 3.18 为不同电流密度下镀层的表面粗糙度。可以看出，电流密度为 $4A/dm^2$ 时镀层的粗糙度值最大，随着电流密度的增加，粗糙度值下降，电流密度为 $12A/dm^2$ 时达到最小，电流密度为 $16A/dm^2$ 时又略有上升，与表面形貌反映的情况比较一致。

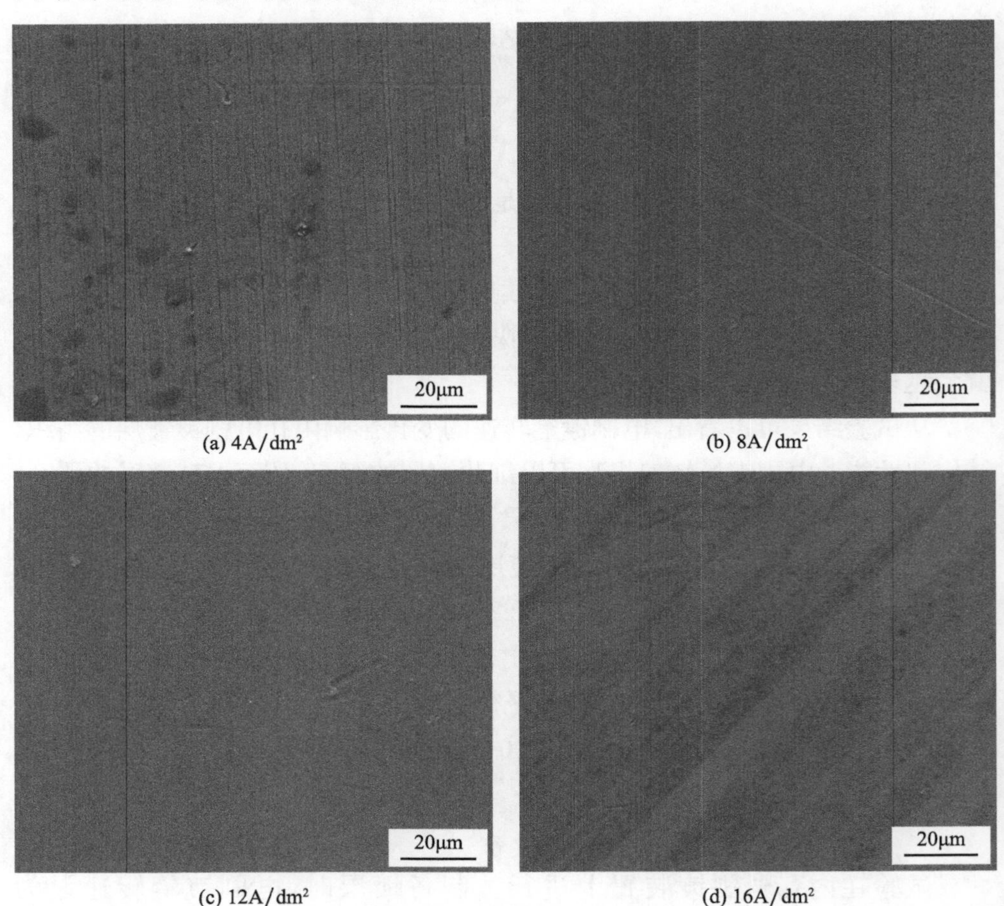

(a) $4A/dm^2$ (b) $8A/dm^2$ (c) $12A/dm^2$ (d) $16A/dm^2$

图 3.17 不同电流密度下镀层的表面形貌

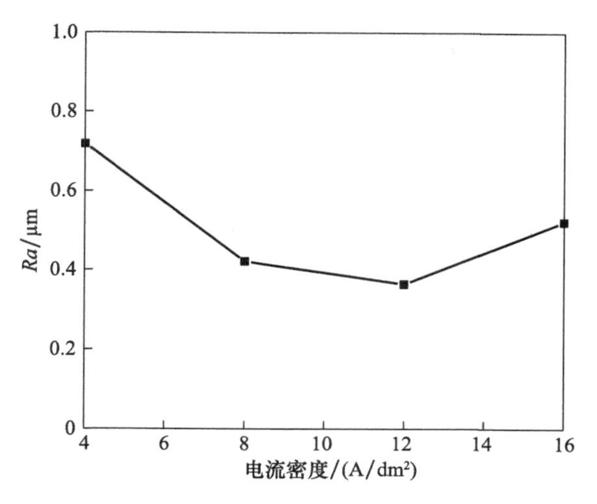

图 3.18　不同电流密度下镀层的表面粗糙度

2）电流密度对镀层显微硬度的影响

图 3.19 为不同电流密度下镀层的显微硬度。可以看出，当电流密度为 $4A/dm^2$ 时，镀层的显微硬度最大，达到 $625HV_{100}$；当电流密度为 $8A/dm^2$ 时，镀层的显微硬度迅速下降，仅为 $496HV_{100}$；而后随着电流密度的增加，镀层显微硬度逐渐上升，$12A/dm^2$ 时达到 $520HV_{100}$，$16A/dm^2$ 时达到 $610HV_{100}$（已基本与 $4A/dm^2$ 时镀层的显微硬度相当）。

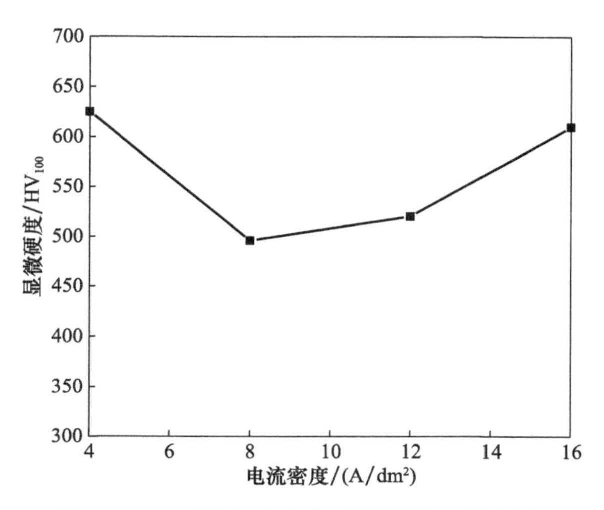

图 3.19　不同电流密度下镀层的显微硬度

如上所述,镀层显微硬度的大小主要与镀层的结构有关。从图 3.20 可以看出,随着电流密度的增加,镀层的晶粒尺寸表现出与显微硬度相同的变化规律。

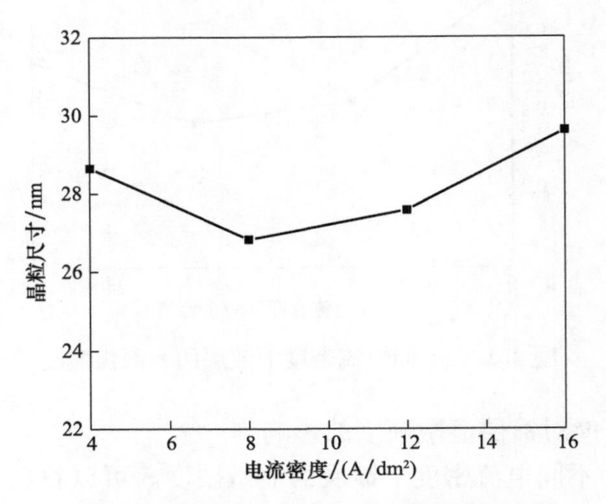

图 3.20　不同电流密度下镀层的晶粒尺寸

3）电流密度对镀层耐磨性能的影响

图 3.21 为不同电流密度下对内孔电刷镀镀层进行 CETR 摩擦磨损试验的结果。可以看出,随着电流密度的增加,镀层的磨损失重逐渐减小,即镀层的

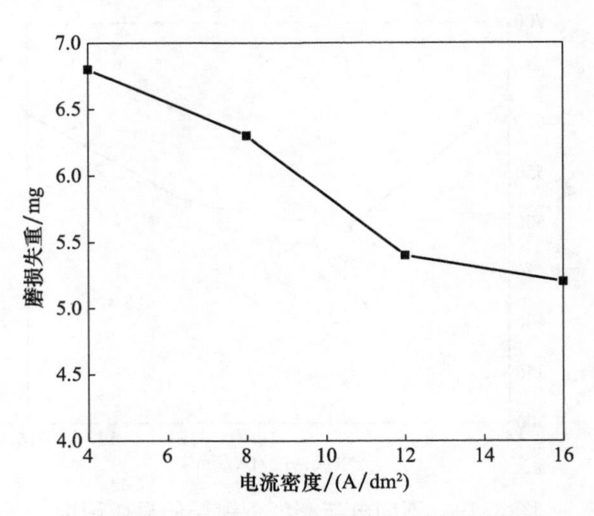

图 3.21　不同电流密度下镀层的磨损失重

耐磨性能增强。当电流密度为4A/dm^{2}时，虽然镀层的硬度较高，但由于其表面粗糙镀也较高，镀层的磨损失重依然较大；当电流密度提高到8A/dm^{2}时，虽然镀层的显微硬度有所降低，但是由于其表面粗糙度也降低了，其磨损失重也降低。而后随着电流密度增大，镀层的表面粗糙度变化不大，但其显微硬度却逐渐升高，因此镀层的磨损失重也随之减小。

4）试验结果分析

电沉积过程中，在工艺条件允许的情况下尽可能采用大的电流密度，这样不但可以提高效率，而且可以提高镀层的性能。这主要是由于电流密度增大的实质是增加了阴阳极间的电压，电压的增加会增大阴极表面的过电位，过电位的增大会使镀层晶粒细化，进而提高镀层的显微硬度和耐磨性能。当然，过大的电流密度对镀层也是有害的，如会造成使阴极附近的浓差极化现象加剧、析氢反应增强、电流效率下降、镀液温度升高、镀层表面烧伤（发黑）等。

由图3.20可以看出，电流密度的增加不但没有使镀层的晶粒度下降，反而略有增大。这表明，电刷镀笔对镀层的电沉积产生了影响。

当电流密度增大时，制备相同厚度镀层的时间就会缩短，而电刷镀笔转速保持不变，那么电刷镀笔对镀层刷的次数就会减少，等同于降低了电刷镀笔转速。电刷镀笔转速提高可以细化镀层组织；那么依此推演，电流密度增加等同于电刷镀笔转速降低，电刷镀笔转速降低就会使镀层组织粗大，这与试验所得结果一致（见图3.20）。

另外，电流密度的变化还会影响镀液温度。在进行电刷镀前，将试验用镀液用水浴加温至50℃，而后对电刷镀过程中的镀液温度进行监测（室温为16℃），并将稳定后的镀液温度进行对比，如图3.22所示。可以看出，镀液温度随着电流密度的增加而上升，电流密度为4A/dm^{2}时仅为35℃，而电流密度为16A/dm^{2}时就已上升到85℃。镀液温升除了对电沉积过程本身产生影响外，还对电刷镀笔刷毛的性能产生了很大影响，刷毛的刚度会随着温度的升高而下降，即刷毛会变得很柔软。而刷毛刚度变化对镀层性能的影响还有待进一步的研究。

虽然低电流密度（4A/dm^2）和高电流密度（16A/dm^2）时都可以得到显微硬度较高的镀层，但是要满足汽车零部件再制造产业化的需求，即效率很重要。因此，在条件和工艺允许的情况下，还是尽可能地采用高电流密度。但

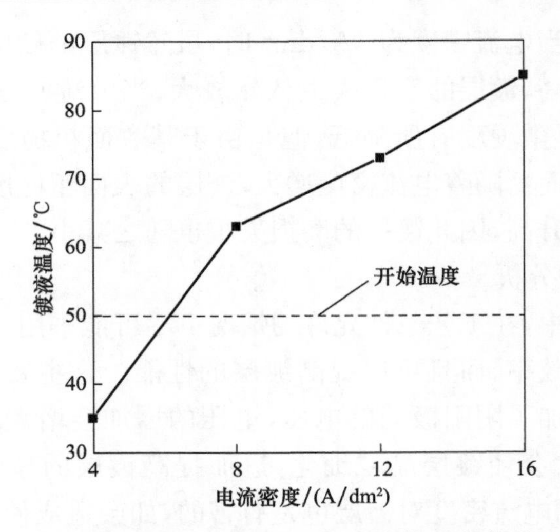

图 3.22　镀液温度随电流密度的变化曲线

高电流密度也会带来一些问题，如镀液温度较高会导致挥发严重，阴极析氢加剧会导致电流效率下降，总电流强度增加会导致设备安全隐患等问题。综合考虑，电流密度选择为 $8\sim12A/dm^2$。

从研究的范围（电刷镀笔转速 50～200r/min、电流密度 $4\sim16A/dm^2$）来看，电刷镀笔转速提高和电流密度加大对镀层质量都起到了正向作用，但是电刷镀笔转速太高会使缸孔内的旋流加剧，缸孔上半部分得不到镀层；电流密度太大会使镀液温升太高，挥发严重，而且还会使电刷镀笔上的刷毛变软，起不到应有的刷镀效果。因此，电刷镀笔转速控制在 100～150r/min，电流密度控制在 $8\sim12A/dm^2$ 为宜，如果工件较大（散热较好）或采取了相应的降温措施（如采用了工件风冷、镀液循环等），还可以适当地增加电流密度，在获得高质量镀层的同时，来提高电沉积速度。

3.5　自动化内孔电刷镀应用实例

由于连杆待修复部位为大头孔的内表面，属于规则的圆柱表面，所以将其归类为内孔类零件。通过分析内孔类零件损伤特点，研发了内孔类零件自动化电刷镀技术方法及其试验装置。该方法充分利用了内孔类零件待修复表面为规则的内圆柱形的特点，并重点解决了传统电刷镀技术在自动化电刷镀过程中电刷镀笔寿命短、镀层质量不稳定、镀液浪费严重及需多次更换电刷镀笔等技术难题。

3.5.1　内孔电刷镀工艺设计

根据连杆内孔电刷镀技术的特点，设计连杆电刷镀工艺。要想在金属零件表面制备出合格的镀层，首先要对零件表面进行前处理。电刷镀技术主要有电净（电化学除油）、强活化（电化学强浸蚀）和弱活化（电化学弱浸蚀）三步工艺。采用电化学的方法进行前处理具有速度快、效果好、前处理液浓度低、利用率高等特点。内孔电刷镀也采用电化学的方法进行处理，具体工艺流程如下：

（1）表面准备。采用机加、磨削或抛光等手段去除工件表面的锈蚀和疲劳层。

（2）电净（电化学除油）。电净是在碱性溶液中，将金属零件作为电极，通以直流电，利用电解时电极的极化作用和产生的大量气体将零件表面油脂去除的方法，其实质是水的电解。电净按通电方式不同可分为阴极除油（零件作为阴极）和阳极除油（零件作为阳极）两种。与阳极除油相比，阴极除油时电解产生的氢气量多、分散性好、气泡尺寸小、乳化作用强烈，而且除油效果好、速度快、不腐蚀零件。因此，一般电净时均选用阴极除油。

电净液的组成为：氢氧化钠（NaOH）25g/L、无水碳酸钠（Na_2CO_3）22g/L、磷酸三钠（$Na_3PO_4 \cdot 12H_2O$）50g/L、氯化钠（NaCl）2.5g/L、OP-10 乳化剂 0.1g/L，pH 为 11～13。

（3）清水冲洗。

（4）强活化（电化学强浸蚀）。强活化是零件在强酸性溶液中通过电解作用除去金属表面的氧化层、废旧镀层及腐蚀产物的方法。一般采用阳极活化（零件作为阳极，即电源反接）。

强活化的组成为：盐酸（HCl，36%）25ml/L、氯化钠（NaCl）140g/L，pH 为 0.2～0.8。

（5）清水冲洗。

（6）弱活化（电化学弱浸蚀）。弱活化是零件在弱酸性溶液中通过电解作用去除表面残留的薄层氧化膜和炭黑（含碳量较高的钢铁材料在强活化时所析出）。一般采用阳极弱活化（零件作为阳极，即电源反接）。

弱活化的组成为：柠檬酸三钠($Na_3C_6H_5O_7 \cdot 2H_2O$)140g/L、柠檬酸($H_3C_6H_5O_7 \cdot H_2O$)95g/L、氯化镍($NiCl_2 \cdot 6H_2O$)3g/L，pH为3～4。

(7) 清水冲洗。

(8) 制备镀层。

内孔电刷镀的工艺参数如表3.2所示。

表3.2 内孔电刷镀的工艺参数

工序名称	选用镀液	电源极性	电流密度/(A/dm²)	处理时间/min
电净	电净液	正接	8～15	1～2
强活化	强活化液	反接	10～15	0.5～1.5
弱活化	弱活化液	反接	5～10	1～1.5
制备镀层	根据需求选择	正接	根据镀液选择	根据镀层尺寸要求选择

3.5.2 内孔电刷镀工艺改进

内孔电刷镀工艺成熟后，本节对该设备的电刷镀工艺进行了改进，主要包括以下几个方面：

(1) 镀液。根据连杆大头孔为受冲击载荷、非工作表面的特点和形状复杂的特点，为防止在珩磨和使用过程中出现镀层崩落，镀液的成分设计为内孔电刷镀基础镍＋去应力剂(糖精)。

(2) 电刷镀笔。由于连杆大头孔内径较小(ϕ88mm)，选用结构简单的NKSD-Ⅱ型内孔电刷镀笔，为了防止阳极溶解产生的阳极泥污染镀液，用涤棉套对阳极进行包裹。

(3) 密封圈。由于连杆大头孔端面存在高约1mm的台阶，设计的密封圈应有很好的弹性，并在连杆装夹时给予足够的压力。为了防止在压紧连杆时造成密封垫圈移位，设计垫圈时添加了不锈钢骨架，这样的垫圈不仅具备足够的轴向变形能力，还使得径向上不产生变形，确保了密封效果，如图3.23所示。

(4) 电刷镀工艺。该设备是将6根连杆摞在一起同时进行电刷镀(见图3.24)，根据内孔电刷镀工艺特点，重新确定了连杆大头孔的电刷镀工艺参数，如表3.3所示。

图 3.23　连杆密封圈

图 3.24　电刷镀过程中的连杆

表 3.3　连杆电刷镀工艺参数

工序名称	电流/A	电源极性	主轴运转速度/(r/min)	处理时间/s
电净	80～100	正接	50～100	60
强活化	100～120	反接	50～100	30
弱活化	70～90	反接	50～100	30
电刷镀工作层	80～90	正接	50～100	根据实际情况确定
清洗	—	—	50～100	10

3.5.3 自动化内孔电刷镀装置设计方案

图 3.25 为自动化内孔电刷镀的原理示意图。为了保证所有的内孔零件和零件的所有内孔部分都得到充分地“刷”(毛刷作用)和均匀地“镀”(均密度的电力线),要求:①阳极(镍板)的有效长度要与零件的高度相当;②毛刷的长度要略大于零件的高度,以保证零件上下两端都略有余量(大小在20～40mm 为宜);③电刷镀笔的最大外径要略大于零件的孔径(4～10mm)。从图 3.25 可以看出:

(1) 该装置将多个浅孔零件叠加在一起,满足了多个零件同时电刷镀的要求。

(2) 电刷镀时镀液的供给由供液泵从供液箱抽取并从上方浇注,保证电刷镀过程中零件内部始终充满镀液,实现了连续供液和供液均匀性的

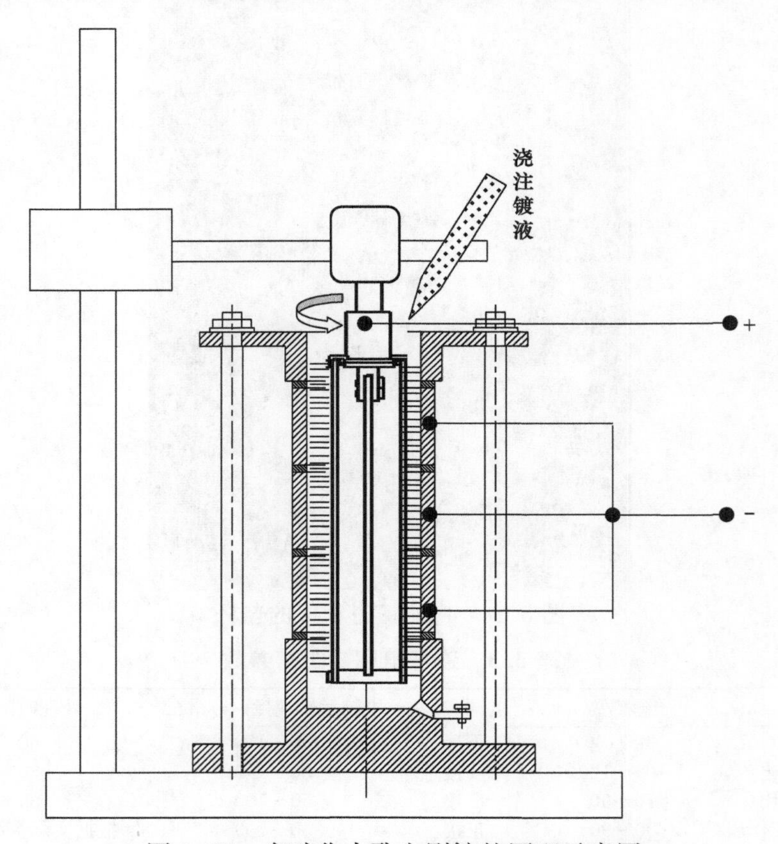

图 3.25　自动化内孔电刷镀的原理示意图

要求。

(3) 由于零件内始终充满镀液,电刷镀笔可以在转动设备的带动下长时间转动,可以进行连续电刷镀。

(4) 新型内孔电刷镀笔采用易清洁的毛刷代替不易清洁的棉花和涤棉套,实现多笔合一,解决了电刷镀过程中多次更换电刷镀笔的技术难题。

(5) 由于新设计的电刷镀笔阳极距离零件表面较远,并采用了弹性变形能力很强的毛刷,对装卡精度的要求大大降低,当电刷镀笔转动起来时,可以很好地解决镀层的均匀性问题。

(6) 良好的密封和可靠的注液及排液设计,杜绝了镀液的流失,可溶性阳极的加入使镀液中消耗的金属离子能够立即得到补充,镀液已由金属离子的提供者变成了过渡者,镀液的使用寿命也因此得到了极大的延长,解决了镀液浪费的问题。

因此,该内孔电刷镀装置完全满足设计要求。

3.5.4 自动化内孔电刷镀设备

连杆自动化纳米电刷镀设备实物图及工件运动控制部分分别如图 3.26 和图 3.27 所示。

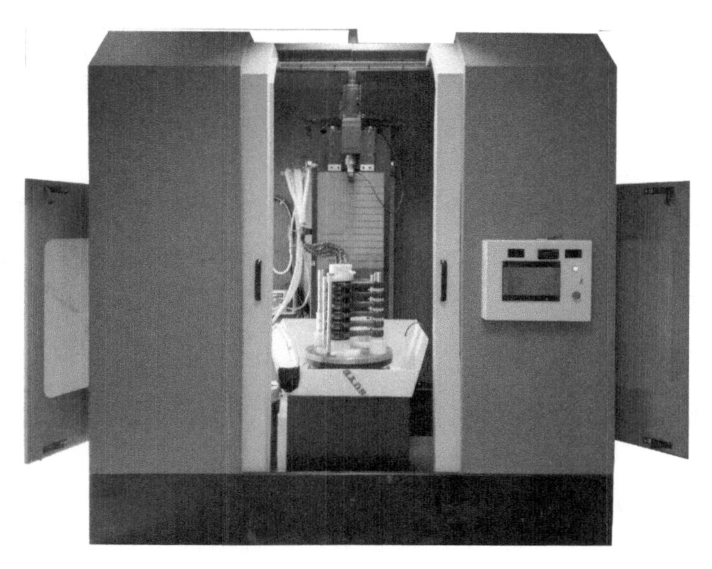

图 3.26　连杆自动化纳米电刷镀设备实物图

图 3.27　工件运动控制部分

电刷镀后的连杆镀层完整、均匀、平整，并具有一定的光泽，如图 3.28 所示。将电刷镀后的连杆转入机加工序进行珩磨和修整，其过程中未出现镀层起皮和脱落现象，经检测满足再制造的尺寸和性能要求，如图 3.29 所示。

3.5.5　再制造连杆效益分析

采用内孔电刷镀技术再制造发动机连杆的消耗主要包括以下几部分：

(1) 镀液的消耗。镀液的消耗包括预处理液的消耗和纳米晶镀液的消耗。其中，三种预处理液的成本较低，而且可以循环使用，直至失效；纳米晶

图 3.28　电刷镀后的连杆

镍镀液使用过程中要经常维护，视情况补充去离子水和添加剂，维护好则可以长期使用。

(2) 阳极的消耗。电刷镀过程中发生电解，向镀液中补充镍离子，每根连杆需要消耗 8～10g 镍。

(3) 水电的消耗。每根连杆需冲洗清水 1～1.5L，耗电 0.5kW·h。

(4) 人工消耗。此设备需 1 人操作，每组连杆耗时 1～1.5h，工时费需 4 元/根。

(5) 其他。包括连杆加工、设备维护等。

采用该设备再制造连杆的成本核算如表 3.4 所示。

图 3.29 正在珩磨和珩磨后的连杆

表 3.4 连杆再制造成本分析

项目	镀液	阳极	水电	人工	其他	合计
消耗/(元/根)	3	4	1	4	8	20

参 考 文 献

[1] 徐滨士.纳米表面工程[M].北京:化学工业出版社,2004.
[2] 徐滨士,刘世参.刷镀技术[M].天津:天津科学技术出版社,1985.
[3] 徐滨士,朱绍华.表面工程与维修[M].北京:机械工业出版社,1996.

第4章 激光熔覆再制造技术

激光熔覆技术，也称激光包覆，是20世纪70年代随着大功率激光器的发展而兴起的一种新的表面改性技术[1]。激光熔覆技术能够将在基材表面添加的熔覆材料迅速熔化，并快速凝固得到与基体具有冶金结合的高性能熔覆层，已逐渐成为一项绿色、高效、具有巨大潜在经济效益和社会效益的智能再制造关键技术[2]。与传统的堆焊、喷涂、电镀和气相沉积等工艺相比，激光熔覆技术具有稀释度小、组织致密、熔覆层与基体结合好、适合熔覆的材料种类多且粉末粒度范围广等特点[3]。

目前，激光熔覆技术主要应用于三个方面[4]：一是材料表面改性和表面制造，如燃气轮机叶片、曲轴、齿轮等；二是产品的表面修复和表面再制造，如转子、轧辊、模具等；三是快速原型制造，利用金属粉末的逐层烧结叠加，快速制造出模型，如3D打印等。激光熔覆技术具有极高的经济效益前景，主要原因是其可通过在廉价金属基材上制备出具有高性能或特殊性能、对基体性质影响小的合金表面熔覆层[5]，从而大幅降低成本，节约贵重稀有金属材料，因此许多国家十分重视对激光熔覆技术的研究及应用。

《中国制造2025》和《钢铁工业调整升级规划(2016—2020年)》发布以来，智能再制造技术逐渐成为引领传统制造业进行绿色升级改造的前沿科技。近年来，机械自动化技术及数控机电一体化技术发展迅猛，大大推动了传统再制造技术走向智能化和集约化。升级后的自动化激光熔覆技术是绿色再制造工程中的一项关键支撑技术[6]，工艺技术智能化使得制备过程的可控程度显著提高，“高、精、尖”创新型产品的种类不断增加，生产效率也得以提升。利用智能再制造技术引领先进材料的全流程可控制备，实现传统工业的转型升级，这其中的每一步突破都将在我国可持续发展的经济建设中发挥不可替代的作用。

4.1 激光熔覆技术

激光熔覆是利用高能量密度激光束对基体和熔覆材料进行辐照加热，

将熔覆材料和基体表面薄层同时熔化，经快速凝固在基材表面形成具有特殊性能熔覆层的一种新型表面改性技术[4]。

4.1.1 激光熔覆技术原理

激光熔覆是指以不同的填料方式在被熔覆基体表面放置熔覆层材料，经激光辐照作用使之与基体表面薄层同时熔化，并快速凝固形成稀释率极低、与基体呈冶金结合的表面熔覆层，从而显著改善基体表面耐磨、耐蚀、耐热、抗氧化及电气特性，实现表面改性或修复的一种工艺方法。这种表面技术既能满足材料表面对特定性能的要求，还能节约大量贵重金属元素，具有极高的经济效益前景。

激光熔覆材料主要包括钴基合金、镍基合金、铁基合金、陶瓷及其复合材料等，其中又以较为廉价的铁基材料应用最为广泛。目前，已成功在不锈钢、模具钢、可锻铸铁、灰口铸铁、铜合金、钛合金、铝合金及特殊合金等基材表面开展了钴基、镍基、铁基及陶瓷熔覆层的激光熔覆制备工作。激光熔覆钴基合金熔覆层适用于要求耐磨、耐蚀及抗高温氧化的零件。激光熔覆镍基合金熔覆层主要用于高磨损、高热腐蚀及易疲劳的工况环境。激光熔覆铁基合金熔覆层适用于要求耐磨损且抗变形的零件。激光熔覆陶瓷熔覆层在高温下有较高的强度、优良的热稳定性及化学稳定性，适用于要求耐磨、耐蚀、耐高温和抗氧化的零件。创新型制造业的快速发展，使机械智能化和生产自动化得以流行、推广和普及，高端产品的生产对机械设备与零件的性能要求也逐渐提高，而严苛的工况环境大大增加了零件发生严重磨损、腐蚀、断裂等失效行为的可能性，纯的钴基、镍基、铁基合金及陶瓷材料已经无法满足实际工况的使役要求，因此科研工作者尝试将多种材料设计理念进行复合，研发出了许多综合性能优异的先进工程材料。

近年来，科研人员将非晶材料的设计理念引入铁基合金当中，研发出的铁基非晶态合金材料具有多种优异性能，如高屈服强度和大弹性应变极限，高硬度及韧性，高耐磨性，优良的抗腐蚀性能和磁学性能等。激光熔覆铁基非晶熔覆层大多以非晶态组织为基体相，复合有在凝固过程中析出的纳米级晶体相，不仅可以同时提高熔覆层的强度和韧性，还能抑制激光熔覆过程中的开裂行为，有效提高了熔覆层制备的成形质量，因此可作为理想的熔覆材料。

基于铁基非晶态合金的低成本、高强度、高硬度和优异的耐磨性等诸多优点，国内外众多学者对激光熔覆制备铁基非晶熔覆层开展了较为广泛的研究。国内，胡汉起等[7]以中碳钢作为基体激光熔覆制备 $Fe_{40}Ni_{36}Cr_{2}Si_{8}B_{14}$ 非晶复合熔覆层，发现熔覆层由非晶和微晶组成，微晶是由熔覆过程中 B、Si 非金属元素发生了烧损而偏离了名义成分引起的；Wu 等[8]以 45 钢为基体，激光熔覆制备了 $Fe_{57}Co_{8}Ni_{8}Zr_{10}Si_{4}B_{13}$ 非晶复合熔覆层，其最大显微硬度值达 $1120HV_{100}$；Zhang 等[9]在低碳钢上采用激光熔覆制备了 $Fe_{31}Ni_{31}B_{18}Si_{18}Nb_{2}$ 非晶纳米晶熔覆层，认为非晶含量可以提高显微硬度和耐磨损性能。国外，Katakam 等[10]在 AISI 4130 钢基材上对 $Fe_{48}Cr_{15}Mo_{14}Y_{2}C_{15}B_{6}$ 粉末进行合金化，发现耐蚀性随着激光功率的上升而降低，点蚀主要从晶化相 $Cr_{23}C_{6}$ 开始；Balla 等[11]利用激光熔覆技术制备了美国纳米钢公司生产的 SH7574 铁基熔覆层，在冷却速度较大的熔覆层表面发现了非晶结构，表明熔覆层非晶相的形成与冷却速度有关。

4.1.2　激光熔覆技术主要特点

(1) 与其他制备工艺相比，激光熔覆层的晶粒更为优异，粒尺寸更小，表面硬度更高，耐磨耐蚀性能。

(2) 熔覆层稀释率低(一般小于 5%)，与基体呈牢固的冶金结合，调整激光熔覆工艺参数可有效降低熔覆层稀释率，实现熔覆层成分和组织的可控制备。

(3) 基材热影响区浅，热变形小，成形质量良好。尤其是采用高功率密度快速激光熔覆时，变形可降低到零件的装配公差内。

(4) 合金粉末选择几乎没有任何限制，可在低熔点金属表面激光熔覆制备高熔点合金。

(5) 熔覆层的厚度范围大。采用同步送粉法进行制备时，熔覆层单道熔覆厚度范围为 200～3000μm。

(6) 激光束功率密度高(10^{4}～10^{6} W/cm^{2})，冷却速度快(10^{4}～10^{6} K/s)，属于快速凝固过程，具有快速凝固组织特征，容易得到细晶组织或生成平衡态无法得到的新相，如亚稳相、非晶态等。

(7) 能进行选区熔覆，材料消耗少，性价比高。

(8) 光束瞄准可以熔覆激光头难以接近的区域，实现微区精密制备。

(9) 可控性好。与自动化系统组装后可实现三维自动加工，加工质量高，可进行复杂件的自动化制备。

4.2 激光熔覆工艺

激光熔覆技术是一种涉及光、机、电、计算机、材料、物理、化学等多门学科的多领域交叉学科技术。自20世纪70年代末,激光熔覆技术得到了迅速发展,近年来结合CAD技术兴起的快速原型加工技术使激光熔覆技术的应用领域越来越广。

激光熔覆工艺是以激光熔覆技术为核心的一项快速制备及加工技术,按照送粉方式的不同可分为两类:粉末预置法和同步送粉法。粉末预置法制备的熔覆层内部组织致密,不易产生气孔和夹杂等缺陷;同步送粉法具有易实现智能化控制、激光能量吸收率高、熔覆层稀释率低等优点。预置式激光熔覆的主要工艺流程为:基材熔覆表面预处理、预置熔覆材料、激光熔覆、后处理。同步式激光熔覆的主要工艺流程为:基材熔覆表面预处理、同步送粉激光熔覆、后处理。

激光熔覆工艺以激光熔覆系统为平台完成熔覆层制备工作,激光熔覆系统主要包括电源、激光器、冷却机组、送粉机构、加工工作台、自动化机器人手臂等部分,其核心部件为激光器。作为一种快速制备及加工方法,激光熔覆工艺主要由基材表面预处理方法、供料方法、成形方法和后处理方法组成,其中成形方法最为关键,能通过调控熔覆工艺参数直接决定激光熔覆层的质量。

4.2.1 激光熔覆激光器

激光器种类繁多,不同种类激光器具有不同的性能特点,因而用途也各不相同。可应用于激光熔覆的激光器主要有CO_2激光器、掺钕钇铝石榴石(Nd:YAG)激光器、半导体激光器和光纤激光器。在选择激光器时,不但需要综合考虑激光输出波长、激光输出模式、激光最大输出功率等性能特点,还应当考虑激光器的维护周期与寿命、激光设备的可操作性和运行成本等因素。

激光熔覆工艺多与工业应用相关联,因此应选择激光输出波长较短,具有连续、高阶模的输出模式,维修周期及寿命较长的激光器,从而获得更高的激光吸收率、更宽的激光展开范围、更大的激光功率密度和更低的运行及生产成本。

1. CO_2激光器

CO_2激光器是种类最多、应用最广、市场份额最高的一种激光器,在汽车工业、钢铁工业、造船工业、航空及宇航业、电机工业、机械工业、冶金工业、金属加工等领域应用广泛。CO_2 激光器具有以下特点：

(1) 功率高。CO_2 激光器是目前输出功率达到最高级区的激光器之一，横向流动式电激励 CO_2 激光器的最大连续输出功率可达几十万瓦。

(2) 效率高。某些种类的 CO_2 激光器的光电转换率可达 30%以上。

(3) 光束质量高。CO_2 激光器输出的激光具有良好的相干性，可长时间稳定工作。

(4) 激光输出波长较长，激光吸收率低。

按照激光器中光轴、气流和电场的相对工作关系，可将 CO_2 激光器分为横流 CO_2 激光器和轴流 CO_2 激光器。横流 CO_2 激光器的工作气体流动方向、激光光学谐振腔轴和放电方向相互垂直，较高的可注入电功率密度使激光输出功率可达几十千瓦，且激光输出以多模为主，适合于需要高激光能量密度输入的激光熔覆。轴流 CO_2激光器的工作气体沿轴向高速地在放电管内流动，通过直流或射频激励以获得高光束质量、高功率的激光输出，它更适用于激光切割焊接和热处理等金属材料加工。

2. 掺钕钇铝石榴石(Nd:YAG)激光器

掺钕钇铝石榴石(Nd:YAG)激光器简称 YAG 激光器，以掺钕钇铝石榴石晶体为主要工作物质，是固体激光器的代表。与 CO_2 激光器相比，YAG 激光器具有以下特点：

(1) YAG 激光器主要为高频脉冲的连续型激光器，可进行薄壁材料的表面柔性激光熔覆，基体基本无变形。

(2) YAG 激光器输出波长短，仅为 1.06μm，比 CO_2 激光器的输出波长(10.6μm)小一个数量级，具有较高的激光吸收率，特别适用于在铝基体、铜基体等对激光反射率较高的材料表面进行激光熔覆。

(3) YAG 激光器可以在室温或者特殊条件下进行工作，例如，激光经过磁场之后光束不会发生偏转，可通过玻璃和透明的材料进行熔覆。

(4) YAG 激光器的光电转换效率比 CO_2 激光器低，且价格较为昂贵。

3. 半导体激光器

半导体激光器主要由多组半导体激光发光光源叠加而成，因此在光束聚焦时会在远场呈现出多个具有较大间距的平行光斑，此类聚焦模式对激光焊接、激光切割等工艺的影响较大，对激光熔覆的作用一般较小。半导体激光器具有以下特点：

(1) 半导体激光器输出的激光波长为 0.90～1.03μm，激光吸收率较高，可熔覆的材料范围极广。

(2) 半导体激光器主要为多模输出，适合于激光熔覆等表面改性工艺。

(3) 半导体激光器的输出功率一般为千瓦级别，激光聚焦光斑较大，激光熔覆层的制备效率很高，工业应用广泛。

(4) 半导体激光器的寿命很长，设备体积小、组成简单，成本较低，有利于工业推广应用。

4. 光纤激光器

光纤激光器是第三代激光技术迅猛发展的典型代表。光纤激光器以掺入稀土元素的玻璃光纤作为增益介质，利用光的全反射原理实现激光的高效输出。光纤激光器一般为连续多模激光器，具有以下特点：

(1) 光电转换效率高。光纤激光器主要利用光的全反射原理进行激光传导，损耗小，用于熔覆的激光输出功率可达几十千瓦。

(2) 激光光束质量极高。激光传导的光纤介质主要为玻璃纤维，比表面积很大，散热需求低，仅需风冷即可。

(3) 激光输出波长范围广。光纤中掺入的稀土元素在离子态时具有较宽的能级，输出波长为 1.46～1.61μm。

(4) 光纤激光器的设备组成简单、体积小巧，光纤制造成本较低。

(5) 散热性好，稳定性高，便于实践应用。传统激光器的谐振腔中主要为光学镜片，而光纤激光器的谐振腔中为固定的具有良好柔韧性的玻璃光纤，具有免调节维护、稳定性高的特点，可用于冲击、振荡、高湿度、高温度、多尘等多种工况环境。

光纤激光器种类多样，性能各异，应用范围广泛。目前适用于激光熔覆的光纤激光器主要有两种：双包层光纤激光器和全光纤激光器。双包层光纤激光器的特点是：高光电转换效率、高光束质量、优良的散热性能、结构简单、免维护等。全光纤激光器中，光纤作为一个独立结构，将整个光路完全封闭其中，极大地提升光电转换效率和激光传输效率的同时，可弯曲的光纤能在结构复杂的设备内部或维修现场进行激光修复和智能再制造。

4.2.2 激光熔覆工艺参数

成形方法是激光熔覆过程中最关键的步骤，主要通过调整熔覆工艺参数对熔覆层成形质量和性能进行优化。激光熔覆工艺参数主要包括激光功率、激光扫描速度、激光光斑尺寸、离焦量、送粉速率、预置粉末厚度、预热温度、搭接率、保护气体及流量等。不同激光熔覆工艺参数之间相互关联且作用机制复杂，并最终对熔覆层的表面质量、裂纹分布等成形形貌特征和熔覆组织的致密度、强韧性、稀释率及非晶含量等性能特点产生不同程度的影响。其中，激光功率、激光扫描速度和激光光斑尺寸是影响激光熔覆成形和制备效率的关键因素；送粉速率和预置粉末厚度则决定了熔覆层具有良好成形质量所需的热输入量；熔覆过程中采用一定流速的惰性气体进行保护，可以有效阻止熔覆层表面发生氧化；对基体进行适当温度的预热处理可有效减少内界面产生的裂纹。激光熔覆非晶熔覆层的实际制备过程中，必须采用科学的控制方法综合调控各项熔覆工艺参数，只有选取合适的熔覆工艺参数才能制备出性能优异的熔覆层。

1）激光功率

激光功率代表单位时间内激光的热输出量大小，是激光熔覆过程中调控能量输入最关键的熔覆工艺参数之一。较大的激光功率能带来较高的热输入量，但一般意义上的激光功率是指激光器的输出功率，而实际熔覆时空气、保护气体和能使激光发生反射的基体表面、熔覆材料等都会使激光光束产生一定的能量散射损耗。熔覆材料和基体对激光的实际热吸收量与激光器的热输出量之比用激光吸收率表示，其他条件相同时具有较高激光吸收率的基体制备具有良好成形质量的激光熔覆层时所需的激光功率更低。一般而言，单独增加激光功率时，熔覆层高度（简称熔高）和熔覆层宽度（简称熔宽）也会相应变大，因此激光功率是熔覆层形貌的一个重要调控因素。激光功率的增大还能加剧液态熔池内部的熔流波动，促进不同区域之间的传质和传热行为，使熔池内部成分更加均一化，从而减少凝固组织中的气孔。对于含有脱氧剂元素的合金体系，熔池内部传热传质行为的增强十分有利于促进液态金属的造渣行为，在减少夹杂的同时能显著降低裂纹敏感性。因此，制备具有良好成形质量且综合性能俱佳的激光熔覆层，需要选择合适的激光功率参数。激光功率较低时熔覆材料只能形成焊瘤，或者无法熔化基体，达不到激光熔覆的目的；而过高的激光功率则会明显增大熔覆层的稀释率，巨大的热失配应力会引发基体产生严重的热变形，反而提高了裂纹敏感性，增大了开裂倾向。目前，在激光熔覆的实际应用中，最佳激光功率参数只能通过梯度试验或正交试验获得。

2）激光扫描速度

激光扫描速度是影响熔覆层成形质量的另一关键因素。单独降低激光扫描速度时，熔覆层的熔高和熔宽均会增大。激光扫描速度对熔覆层成形质量的影响体现在激光扫描速度能够直接决定液态熔池的存在时间，但其本质上还是对激光热输入量的调控。激光熔覆时，增大激光扫描速度意味着缩短单位长度熔池的存在时间，这能直接决定液态金属的传质传热过程是否充分进行，从而会影响熔覆层表面形貌的流畅度和内部组织的均匀性。

3）激光光斑尺寸

激光束的聚焦光斑一般呈圆形或者矩形。激光光斑尺寸是激光器的固有参数，它无法直接影响激光熔覆时的能量输入，但决定了激光扫射面单位面积上的能量密度大小。激光束在焦点处的远场能量分布由激光器的种类决定，靠近焦点处即小光斑内的能量分布往往更为密集和稳定，不同位置处的熔覆层形貌和组织差异较小；但增大光斑尺寸能够获得更大熔宽的单道熔覆层，从而显著提高制备效率。总的来看，当激光光斑尺寸过小时，不仅流程烦琐、制备效率低，还大大提高了产品生产和设备运行成本；当激光光斑尺寸过大时，产品的质量稳定性大幅下降，甚至无法制备出合格产品。因此，合适的激光光斑尺寸也是制备高质量熔覆层的重要因素。

4.3 自动化激光熔覆

再制造技术是在设备及零件报废的基础上，采用专门的工艺方法，按照工业应用要求进行重新制造，使再制造新产品的质量和性能达到或者超过原样新品的一项绿色环保技术。产品的再制造过程是一个变废为新的全套过程，因而再制造技术涵盖广泛，包括再制造拆卸技术、再制造清洗技术、再制造加工技术、再制造检测及监测技术等。其中，再制造加工技术是废旧产品实现再制造更新的关键所在。按照技术种类的差异，再制造加工技术可分为再制造电刷镀技术、再制造喷涂技术、再制造堆焊技术、再制造激光熔覆技术和再制造表面改性技术等。再制造激光熔覆技术以其性能高、缺陷少、具有冶金结合、寿命长、性价比高等特点，十分适合服役于高压重载、交变应力等苛刻工况环境下的大型设备或关键零件的修复与再制造，有力而高效地解决了这些贵重设备及零件损坏后报废率高的难题。

随着人工智能的发展，再制造技术融合了信息、机械、控制等领域的高新技术，逐步走向智能再制造的新阶段。将机电数控机床技术、机电一体化技术与传统激光熔覆技术相结合而发展出的自动化激光熔覆技术，克服了传统再制造激光熔覆技术中操作复杂、低产能耗能比的缺点，大大推进了智能再制造工程体系的构建。

4.3.1　自动化激光熔覆特点

与传统再制造激光熔覆技术相比，自动化激光熔覆技术的先进之处主要体现在以下三个方面。

(1) 自动化激光熔覆设备更先进。激光器是激光熔覆工艺中的核心设备，自动化激光熔覆技术采用的激光器种类主要有两种，即大功率半导体激光器和高能光纤激光器，前者具有高效、低耗的优点，而后者的应用范围广、可操作性强，这些特征均是智能再制造技术能否快速推广应用的必备要素。

(2) 自动化激光熔覆工艺流程更流畅。通过充分吸收周边技术的优点，自动化激光熔覆工艺具有三个基本特征：

① 快速响应。通过融合先进的机电数控技术和计算机辅助设计与制造技术，大大缩短了机械设备的应答时间，显著提高了制备效率。

② 可控程度高。熔覆时使用的激光热源能量密度极高，长期处于这种辐照环境会对人的身体造成损害，即使经过散射的激光直接照射眼睛，也会对视网膜产生不可恢复的永久性伤害，因而进行激光熔覆时作业人员必须佩戴特殊的过滤镜，并尽量减少皮肤的暴露。自动化激光熔覆技术通过接入可视系统，实现了激光熔覆过程的近距离监视和远程操作同步进行。

③ 人机交互简洁、可靠、高效。人机交互是人在激光熔覆过程中控制工艺的必经环节，实现更为简洁、可靠、高效的人机交互意味着更低的人机交互频率，这不仅能极大提高熔覆层制备过程的流畅程度，还显著降低了对工作人员操作水平的要求，有利于大范围推广应用。

(3) 自动化激光熔覆产品性能更高、质量更好、制备更高效。实际生产中，废旧零件到新产品的整个再制造过程可分为三部分：工艺设计阶段、产品加工阶段和质量反馈阶段。其中，工艺设计阶段是针对废旧零件的具体特征进行专门的激光熔覆流程设计；产品加工阶段是将确定好的激光熔覆流程进行实际产品产出；质量反馈阶段是对激光熔覆产品进行质量检测，并进一步改进激光熔覆的工艺设计。这三个阶段的工作在实际生产中一般需要分工完成，自动化激光熔覆中的可视系统能够促进三个阶段工作一体化完成，缩短了再制造周期，提高了再制造新品质量。

4.3.2 自动化激光熔覆工艺

与传统激光熔覆工艺相比，自动化激光熔覆工艺拥有全流程可控的智能一体化设计，主要体现在以下三个方面：

(1) 熔覆路线设计。自动化激光熔覆系统具有独特的样品熔覆路线数据库，通过提前存储预设的熔覆路线，可在激光熔覆时调用适用于各种形状、满足不同工艺要求的熔覆路线方案，如曲轴、支撑轴、十字轴、轧辊、板材、齿轮、叶片等。

(2) 粉末输送调控。通过配置高敏感性的传感器，能显著提高送粉装置的响应速度，实现熔覆粉末的快速控制和精准输送。

(3) 温度调控。为消除熔覆层中的裂纹等缺陷，传统激光熔覆工艺中需要对基材进行预热处理。自动化激光熔覆工艺采用全新的加热方法，通过调控熔覆工艺参数，利用低功率的激光扫描对基材进行加热，并借助激光器侧面配备的同步激光测温仪实时监测并反馈基材温度，以此控制激光扫描的时长，得到的反馈数据还可进一步优化熔覆路线。

4.4 激光熔覆 FeCrMoCBY 合金熔覆层

激光熔覆再制造技术具有成本低廉、制备高效、环境友好等诸多优点，在工业应用中，将一些体系成熟的合金材料雾化成粉末，再利用激光熔覆技术对零部件进行再制造修复已有先例。但利用传统激光熔覆技术制备出的修复熔覆层仍旧存在硬度不足、耐磨性较差、服役寿命较短等缺陷，如何进一步提高熔覆层强度，尤其是延长熔覆层的服役寿命成为当前熔覆层研究的热点问题。

近年来，利用快速凝固工艺制备非晶熔覆层已有报道，但利用激光熔覆技术制备铁基非晶熔覆层仍处于实验室阶段，制备时多采用大功率的窄带激光器，且需要良好的气氛保护，这使得铁基非晶熔覆层的制备成本十分昂贵。工业实际应用中需要考虑熔覆层的制备效率和生产成本，多采用宽带的激光熔覆系统，制备条件往往较为简陋。本节以高非晶形成能力的 FeCrMoCBY 雾化非晶合金粉末为熔覆材料，利用宽带的自动化激光熔覆系统制备熔覆层，探讨宽带激光熔覆制备铁基非晶熔覆层的可行性。

4.4.1　试验材料及方法

1. 基体材料

基体选用 45 钢，尺寸为 130mm×90mm×9mm，用无水乙醇超声振荡除去油污，在熔覆前用 400 目砂纸均匀打磨以减少对激光的反射，再用无水乙醇擦拭干净，吹干待用。

2. 熔覆材料

选用粒度为 150～250 目的 FeCrMoCBY 雾化非晶合金粉末作为熔覆材料，该粉末的 XRD 图谱如图 4.1 所示，图中表征非晶的漫散射峰十分明显，只存在少量晶化的金属间化合物，表明粉末中非晶相含量很高，纯度足够，满足使用要求。试验前将粉末在 80℃下真空干燥 2h 后，真空慢冷至室温。

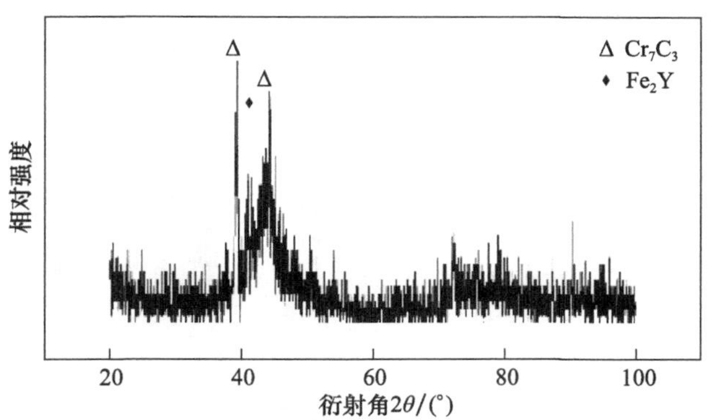

图 4.1　FeCrMoCBY 雾化非晶合金粉末 XRD 图谱

3. 试验方法

(1) 试验采用预置粉末法，仅将粉末平铺于基体上，不用载荷压实，也不使用黏结剂；粉末厚度约为 1mm。

(2) 分别进行单道熔覆试验、单道重熔试验和单道多次重熔试验。试验时先由大到小调节激光扫描速度(10mm/s→5mm/s→3mm/s→2mm/s)，再由小到大调节激光功率(1.0kW→1.5kW→2.0kW→2.5kW)。

(3) 试验不采用气体保护。

4.4.2 FeCrMoCBY 合金熔覆层

1. 成形质量分析

图 4.2 和图 4.3 分别为 FeCrMoCBY 雾化非晶合金粉末单道熔覆层的表面形貌和表面着色探伤效果(注:①为便于标注熔覆工艺参数,将激光扫描速度为 5mm/s 且激光功率为 2.0kW 简写为“5-2.0”,表示“激光扫描速度-激光功率”;②重熔工艺参数标注于熔覆层顶端,单道熔覆工艺参数标注于熔覆层底端)。由图 4.2 可以看出,激光功率对熔覆层的成形质量影响较大,相同激光扫描速度下,激光功率较低时熔覆层的成形质量较差;激光扫描速度对熔覆层的表面质量影响作用显著,单独降低激光扫描速度有助于提高熔覆层的表面质量。由图 4.3 可以看出,熔覆层表面“人”字形裂纹十分密集,说明熔覆层凝固时产生了较大内应力,增加激光功率、降低激光扫描速度均有利于减少裂纹。由此可见,宽带激光熔覆工艺参数的选择十分重要,激光扫描速度过快或功率不足均不利于熔覆层成形。

选用“5-2.5”为熔覆工艺参数,对单道熔覆后的熔覆层进行不同熔覆工艺参数下的重熔试验,其表面形貌如图 4.4 所示,相应的表面着色探伤效果如图 4.5

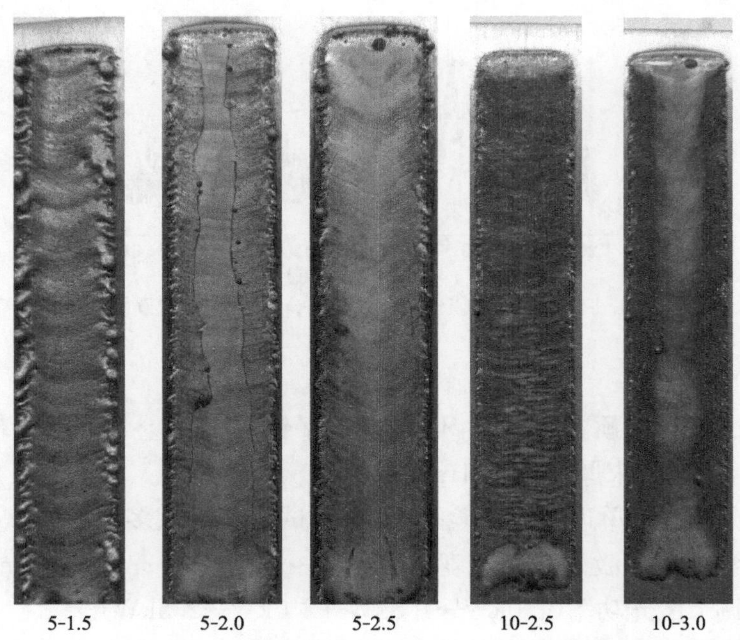

图 4.2 FeCrMoCBY 雾化非晶合金粉末单道熔覆层的表面形貌

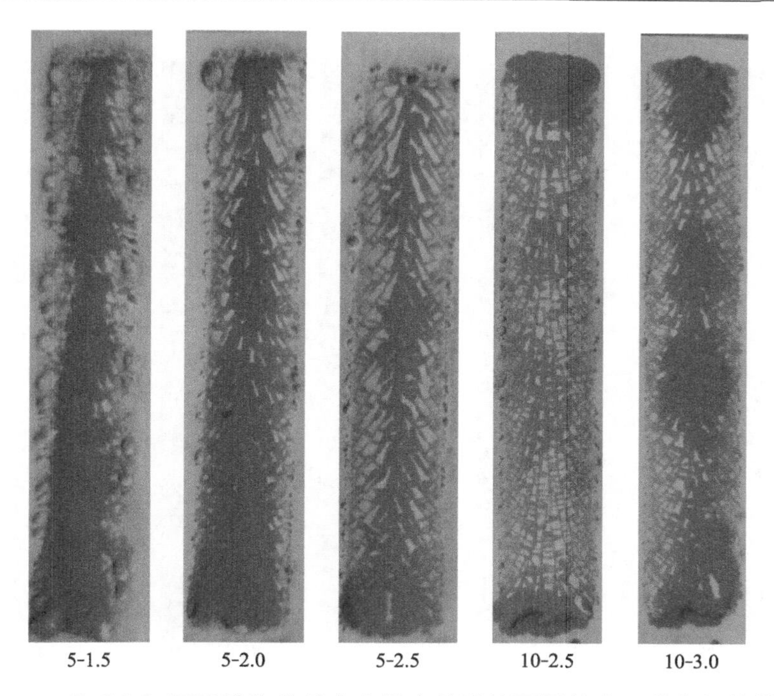

图 4.3　FeCrMoCBY 雾化非晶合金粉末单道熔覆层的表面着色探伤效果

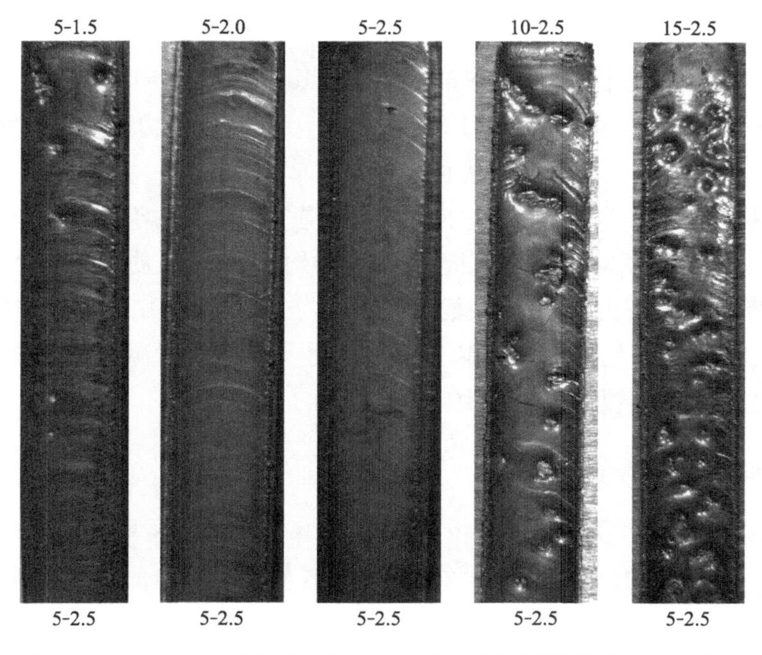

图 4.4　FeCrMoCBY 雾化非晶合金粉末重熔熔覆层的表面形貌

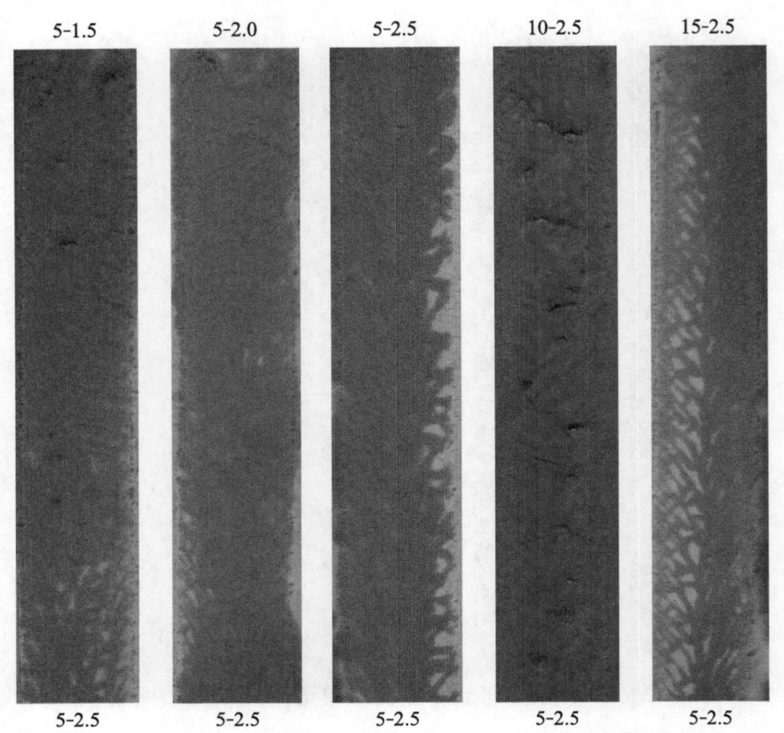

图 4.5　FeCrMoCBY 雾化非晶合金粉末重熔熔覆层的表面着色探伤效果

所示。可以看出，过快的激光扫描速度（如 15mm/s、10mm/s）完全不能满足重熔时的成形要求，当激光扫描速度为 5mm/s 时，激光功率只有达到 2.0kW 及以上时熔覆层才具有较好的表面形貌。

利用熔覆工艺参数“5-2.0”对熔覆层进行反复重熔，其表面形貌如图 4.6 所示。可以看出，多次重熔能明显改善熔覆层表面质量，减少表面的孔洞、凹坑等缺陷，使得熔覆层表面更为平整、光滑。图 4.7 为对应的多次重熔熔覆层的表面探伤效果。可以看出，适度重熔有利于减少裂纹数量，过度重熔反而提高了熔覆层的开裂敏感性。

2. 相结构分析

图 4.8 为 FeCrMoCBY 雾化非晶合金粉末、单道熔覆层及重熔熔覆层的 XRD 图谱。可以看出，相比原始粉末，单道熔覆层与重熔熔覆层增加了多种晶相，且主要为碳化物相；重熔对熔覆层的相结构没有明显影响，但晶化相的衍射峰强度增加。

图 4.6　FeCrMoCBY 雾化非晶合金粉末多次重熔熔覆层的表面形貌

3. 截面全貌分析

图 4.9 为单道熔覆层和重熔熔覆层全貌图。可以看出，熔覆层与基体的内界面存在明显波动，这表明界面处的热分布不均匀。从截面形貌中可以看出，熔覆层存在纵向裂纹，部分熔覆层在裂纹交叉处出现了破裂的块状组织；多数熔覆层在内界面上方存在横向裂纹，这表明重熔时重熔界面处具有较大的内应力。在熔覆层的无裂纹区域，组织均匀致密，无明显孔洞等缺陷。此外，熔覆层的热影响区域范围巨大，深度与熔覆层高度相近。

以“5-2.5”为熔覆工艺参数、“5-2.0”为重熔工艺参数进行多次重熔的熔覆层全貌图如图 4.10 所示。多次重熔对熔覆层截面形貌的影响不大，适度重熔能够减少裂纹数量，且会改善界面处的热分布，但多次重熔使基体反复受热，导致热影响区出现明显的分层现象。

图 4.7　FeCrMoCBY 雾化非晶合金粉末多次重熔熔覆层的表面着色探伤效果

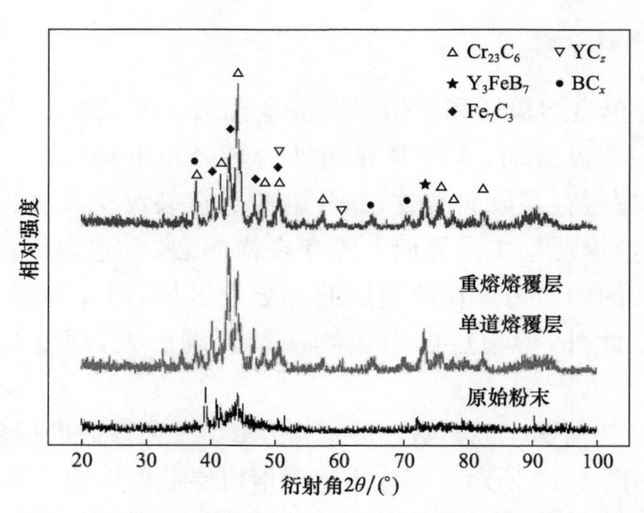

图 4.8　FeCrMoCBY 雾化非晶合金粉末、单道熔覆层及重熔熔覆层的 XRD 图谱

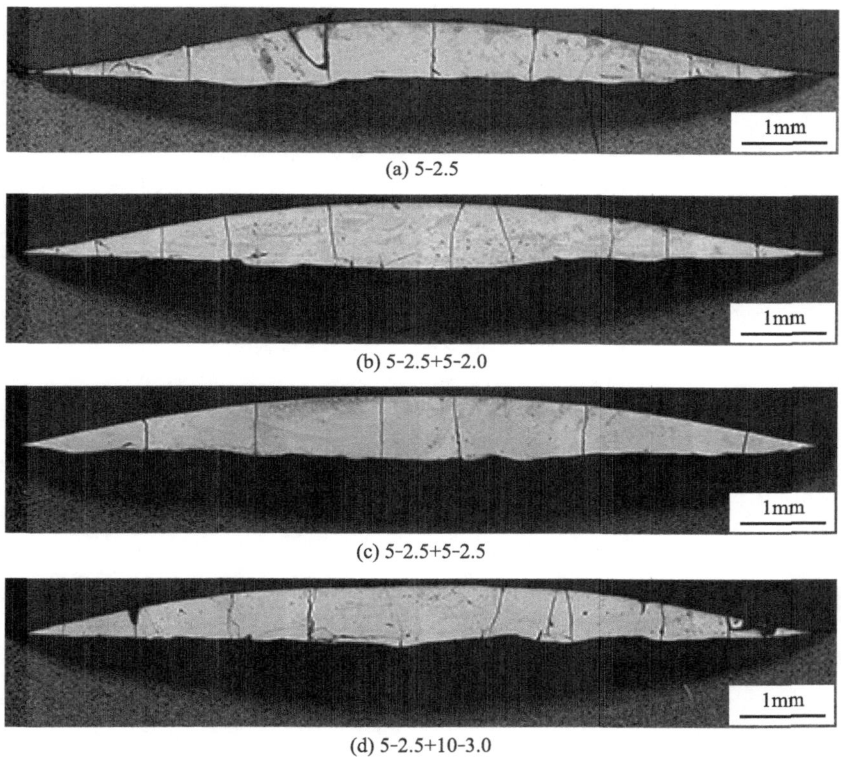

(a) 5-2.5
(b) 5-2.5+5-2.0
(c) 5-2.5+5-2.5
(d) 5-2.5+10-3.0

图 4.9　单道熔覆层和重熔熔覆层全貌图

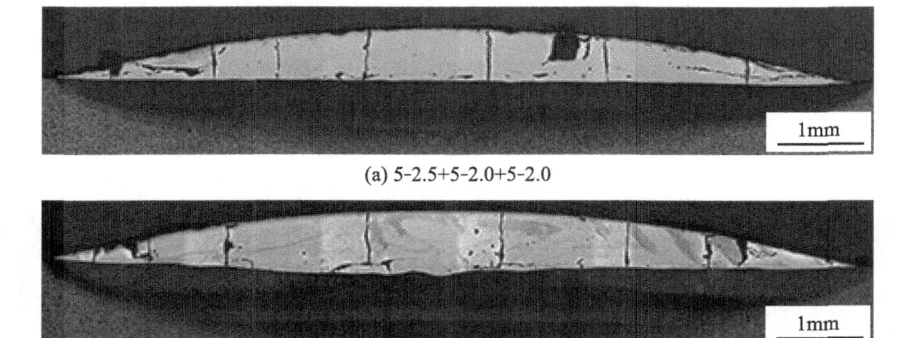

(a) 5-2.5+5-2.0+5-2.0
(b) 5-2.5+5-2.0+5-2.0+5-2.0

图 4.10　不同重熔次数的熔覆层全貌图

4. 金相观察分析

图 4.11 为单道熔覆层和重熔熔覆层中部区域的金相组织。可以看出，

熔覆层组织致密，无明显孔隙、夹杂等缺陷，未形成大型枝晶组织，且不同熔覆工艺参数下制备的熔覆层均存在块状区域。

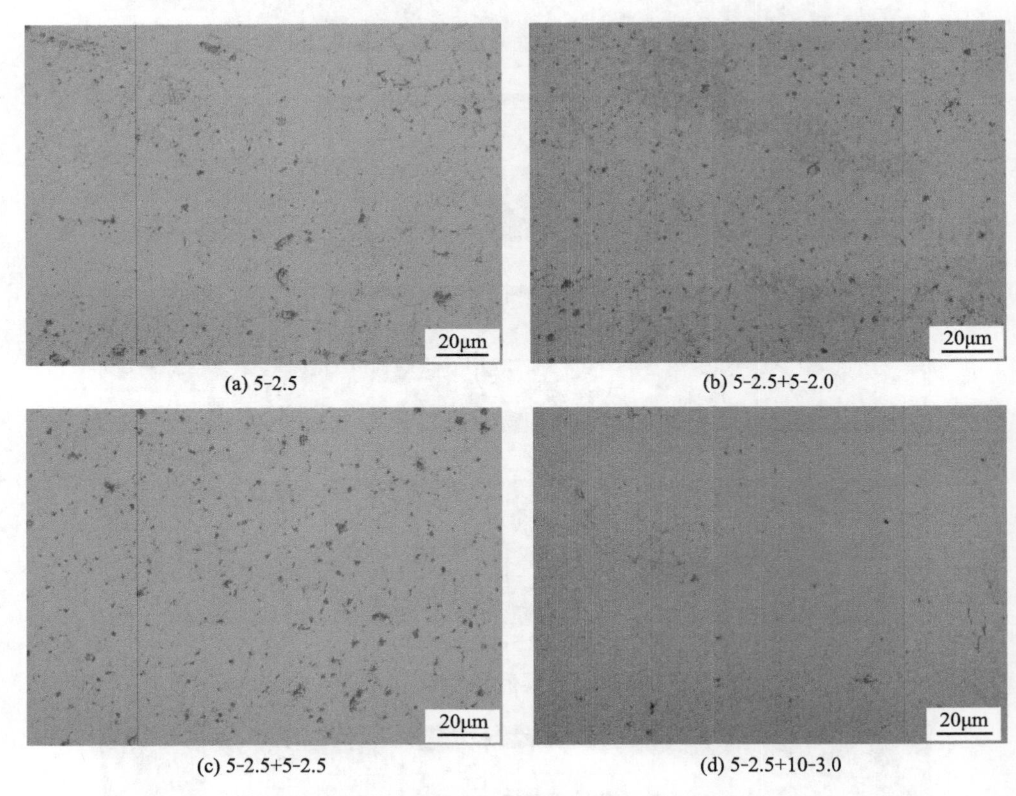

(a) 5-2.5　(b) 5-2.5+5-2.0　(c) 5-2.5+5-2.5　(d) 5-2.5+10-3.0

图 4.11　单道熔覆层和重熔熔覆层中部区域的金相组织

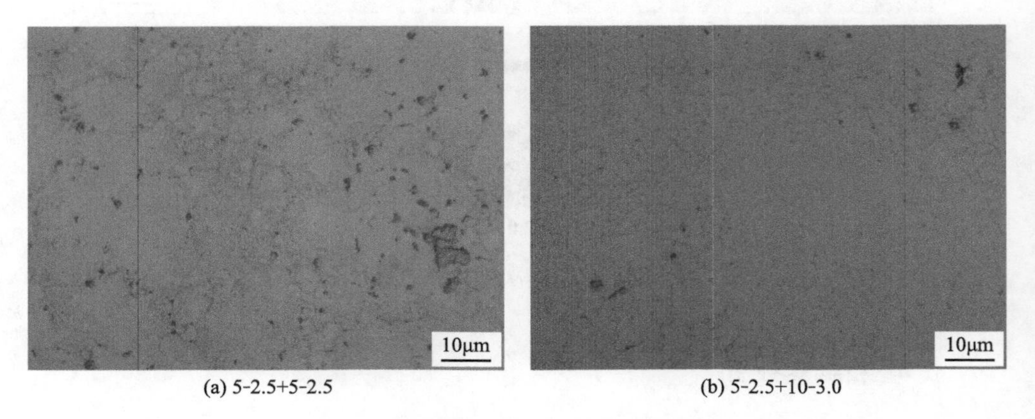

(a) 5-2.5+5-2.5　(b) 5-2.5+10-3.0

图 4.12　部分熔覆层中的块状区域

5. 微观组织分析

对熔覆层中部的块状区域进行显微形貌观察，结果如图 4.13 所示。可以看出，晶界中的低熔点共晶组织被腐蚀液溶解后变为块状区域边缘，其内部析出了晶型更小的浅色等轴枝晶。重熔处理后，熔覆层中的块状区域尺寸减小，其内部分布的等轴枝晶得到细化。

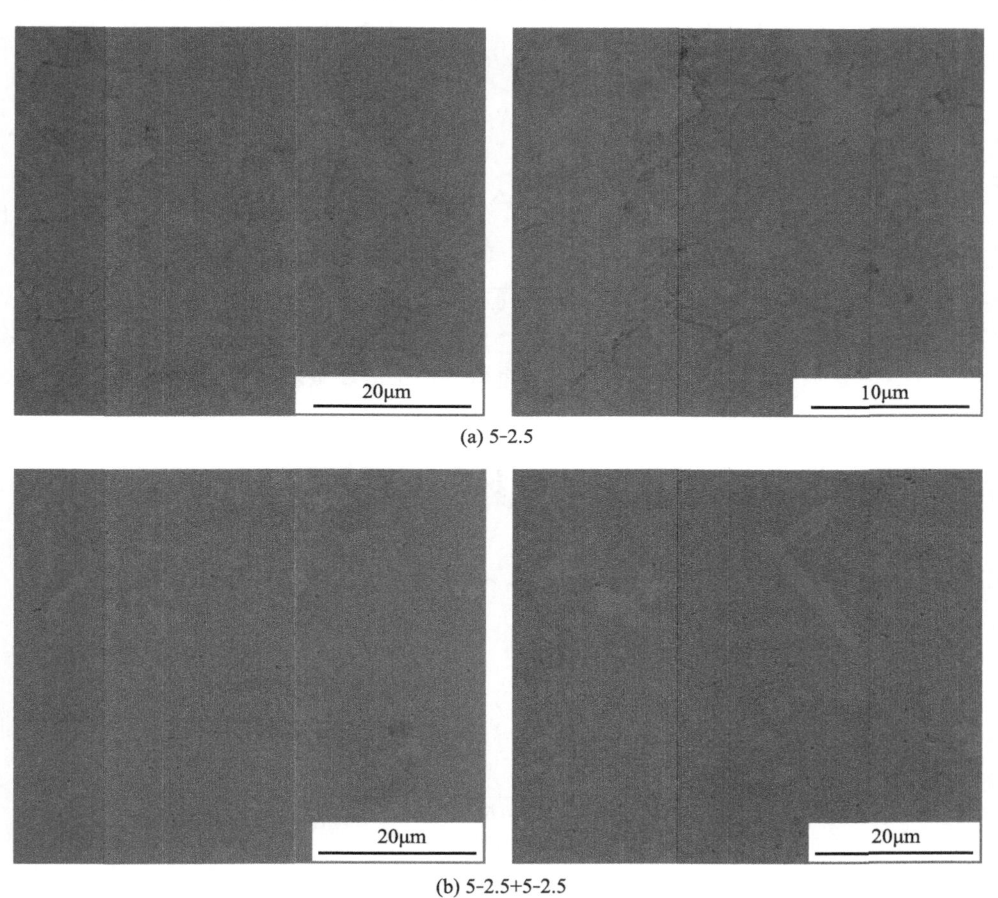

(a) 5-2.5

(b) 5-2.5+5-2.5

图 4.13　熔覆层块状区域的显微形貌

6. 显微硬度分析

图 4.14 为单道熔覆层与重熔熔覆层的显微硬度对比。可以看出，熔覆层具有较高的显微硬度，其值为 1300～1600HV_{100}，较小的波动幅度说明熔覆层各部分组织十分均匀。图 4.15 为相同熔覆工艺参数下多次重熔熔覆

层的显微硬度对比。可以看出，重熔处理能够提高熔覆层的表层硬度，重熔次数过多会降低熔覆层硬度，当 FeCrMoCBY 熔覆层重熔三次时，其界面处的显微硬度明显下降。

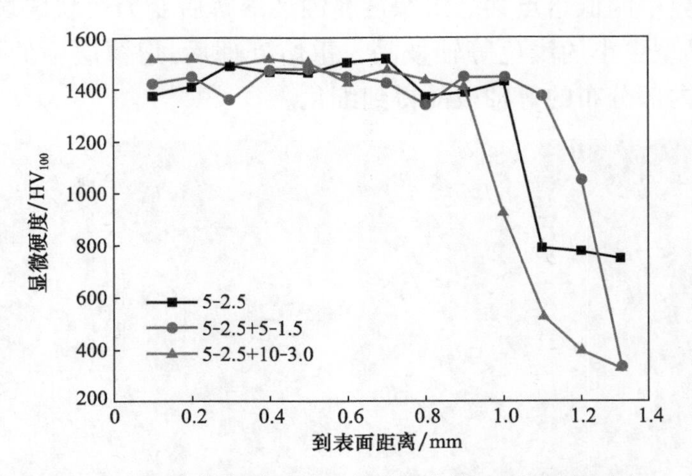

图 4.14 单道熔覆层与重熔熔覆层的显微硬度对比

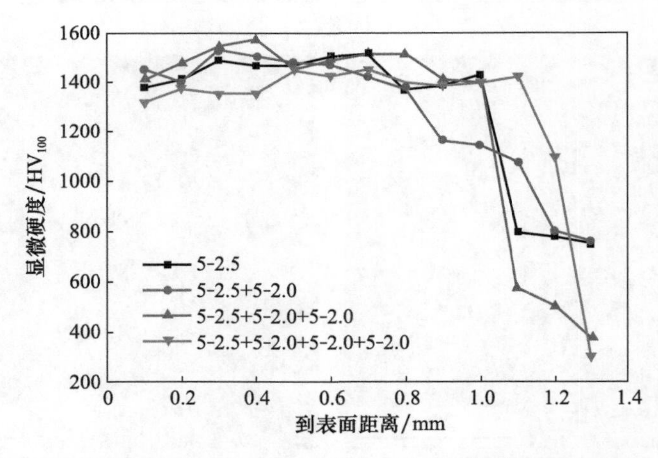

图 4.15 相同熔覆工艺参数下多次重熔熔覆层的显微硬度对比

4.5 激光熔覆 FeBSiNb 合金熔覆层

C 元素的原子尺寸很小，且往往与其他元素具有较负的混合焓，因此 C 元素是良好的非晶形成元素，添加适量的 C 能够显著提高合金的非晶形成能力；但当凝固过程中熔体的冷却速度不足时，C 元素也易与其他元素在晶界形成低熔点共晶相，增大了凝固收缩过程中熔覆层的开裂倾向，使合金的脆性增大，不利于熔覆层的良好成形。

利用多元相图和热力学计算，自行设计了低裂纹敏感性的 FeBSiNb 合金。首先，为减小熔覆层开裂倾向，合金中不含有 C 等易在晶间形成低熔点共晶相的元素。其次，添加了自熔剂元素 B 和 Si，能显著降低合金熔点，增加液态合金的润湿性能，还可以在熔覆过程中生成膜类物质起到脱氧作用。另外，Nb 元素的添加能极大地提高合金的非晶形成能力，有利于熔覆层中非晶态结构的形成。除此之外，合金材料仍旧以 Fe 元素为主，保证了较低的制备成本。

4.5.1　试验材料及方法

1. 基体材料

基体材料及其预处理方法与 FeCrMoCBY 合金熔覆层相同(参见 4.4.1 节)。

2. 熔覆材料

选用粒度为 150～250 目的 FeBSiNb 雾化合金粉末作为熔覆材料。试验前将粉末在 80℃下真空干燥 2h 后，真空慢冷至室温。

3. 试验方法

FeBSiNb 合金熔覆层的制备方法与 FeCrMoCBY 合金熔覆层相同(参见 4.4.1 节)。

4.5.2　FeBSiNb 合金熔覆层

1. 成形质量分析

FeBSiNb 合金熔覆层的宏观形貌及表面着色探伤效果如图 4.16 和图 4.17 所示。可以看出，熔覆层表面均覆盖有一层氧化膜，这表明添加的 B、Si 元素起到了很好的脱氧造渣功能，阻碍了熔池内部的氧化。熔覆层表面无明显裂纹，但着色探伤效果表明熔覆层内部仍存在裂纹。裂纹的分布状况与激光功率和激光扫描速度有关，单独降低激光扫描速度和单独增大激光功率均能显著减少裂纹数量。

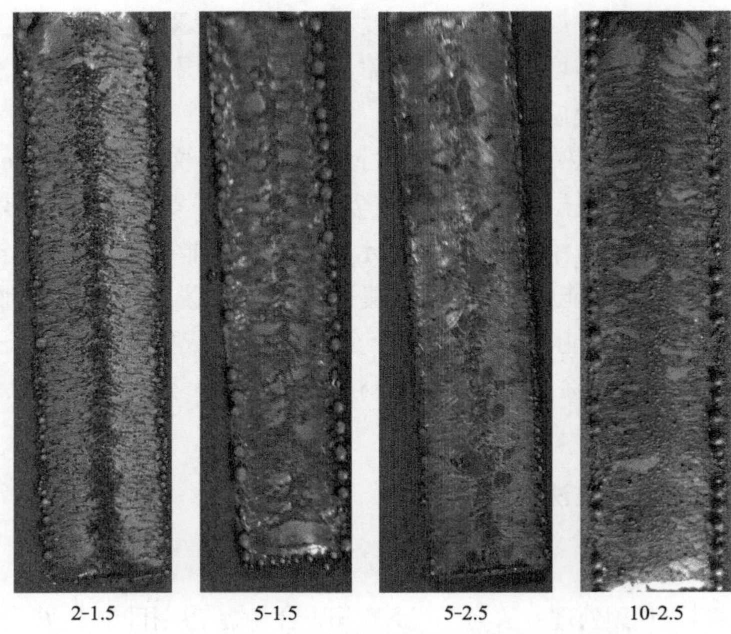

图 4.16　FeBSiNb 合金熔覆层的宏观形貌

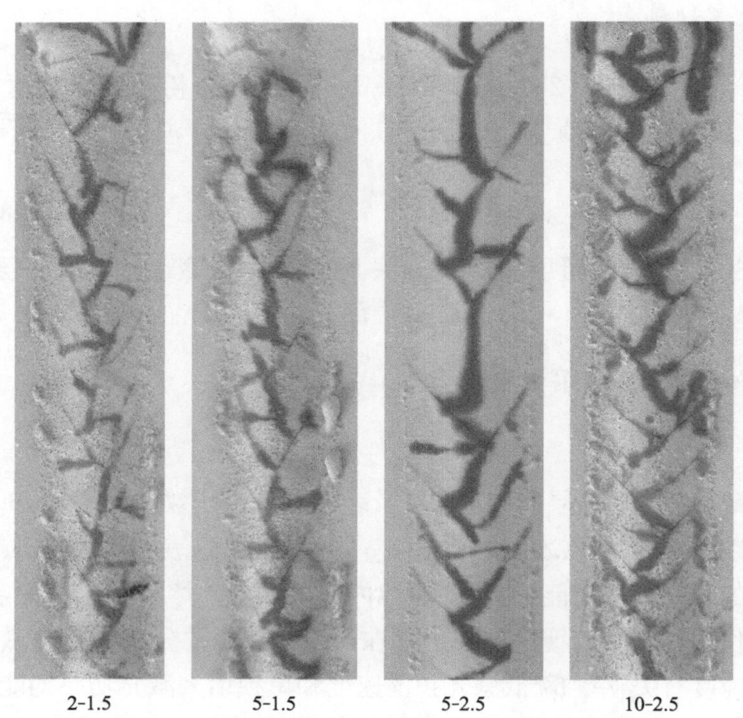

图 4.17　FeBSiNb 合金熔覆层的表面着色探伤效果

2. 相结构分析

图 4.18 为不同熔覆工艺参数下 FeBSiNb 合金熔覆层的 XRD 图谱。可以看出,熔覆层相结构十分简单,主要由 α-Fe 相和 Fe_2B 相组成,仅在熔覆工艺参数为“10-2.5”时出现了微弱的非晶宽化的衍射峰(见图 4.18(c)),计算结果表明,熔覆层中的非晶含量小于 25%。图 4.18(a)中,最强晶化峰强度随着激光功率的增加而增大;图 4.18(b)中,激光扫描速度的增加会降低最强晶化峰的强度,这表明增大激光扫描速度和降低激光功率能提高非晶态结构的形成倾向。

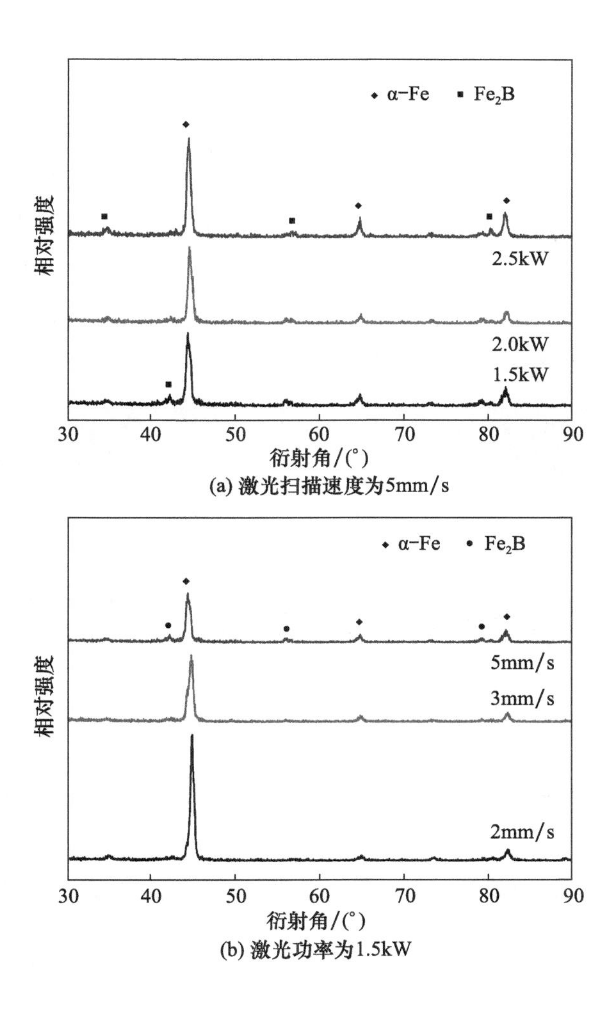

(a) 激光扫描速度为5mm/s

(b) 激光功率为1.5kW

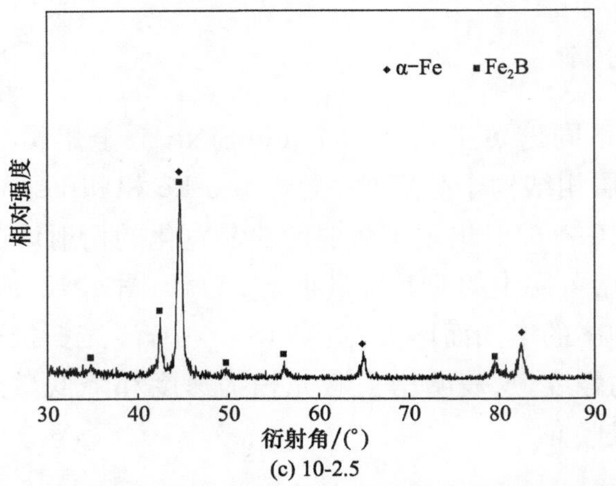

(c) 10-2.5

图 4.18　不同熔覆工艺参数下 FeBSiNb 合金熔覆层的 XRD 图谱

3. 截面全貌分析

图 4.19 和图 4.20 为利用三维形貌仪拍摄的 FeBSiNb 合金熔覆层全貌图。可以看出,熔覆层呈中间高、两边低的弓形,其铺展形态良好,测量结果表明熔覆层的润湿角范围为 15°～20°,这表明 FeBSiNb 合金的润湿性能优异。此外,通过优化熔覆工艺参数未能完全消除熔覆层中的裂纹,但与相同熔覆工艺参数下的 FeCrMoCBY 合金熔覆层相比,FeBSiNb 合金熔覆层的裂纹密度明显降低。

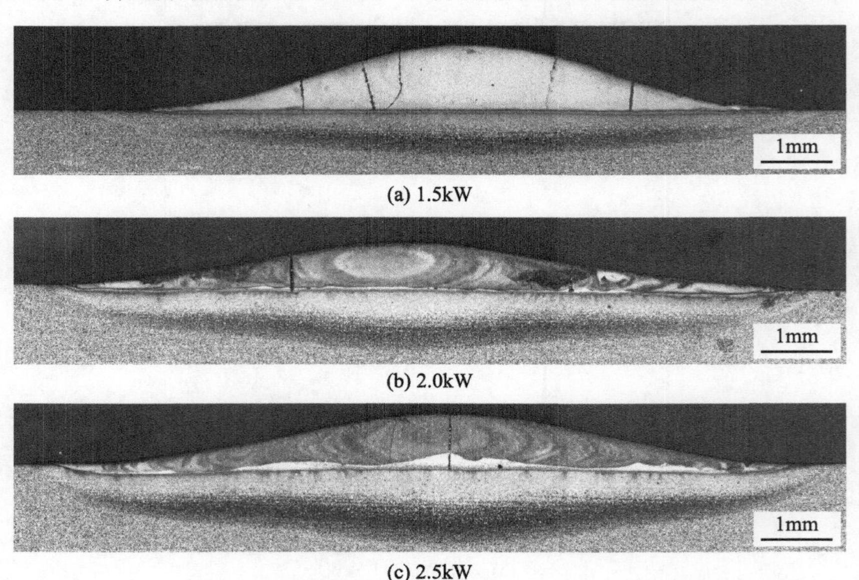

(a) 1.5kW

(b) 2.0kW

(c) 2.5kW

图 4.19　激光扫描速度为 5mm/s 时的 FeBSiNb 合金熔覆层全貌图

对图 4.19 和图 4.20 中的熔覆层高度、热影响区深度和熔覆层宽度进行测量，结果如表 4.1 和表 4.2 所示。结果表明，同一激光扫描速度下，熔覆层高度、热影响区深度和熔覆层宽度均随激光功率的增加而增大；而当选用同一激光功率时，逐渐提高激光扫描速度，熔覆层高度、热影响区深度和熔覆层宽度均有减小的趋势。大的热影响区深度会对激光熔覆层产生不利影响，因此激光熔覆过程中，在保证熔覆层成形的前提下，应选择较小的激光功率和较快的激光扫描速度。

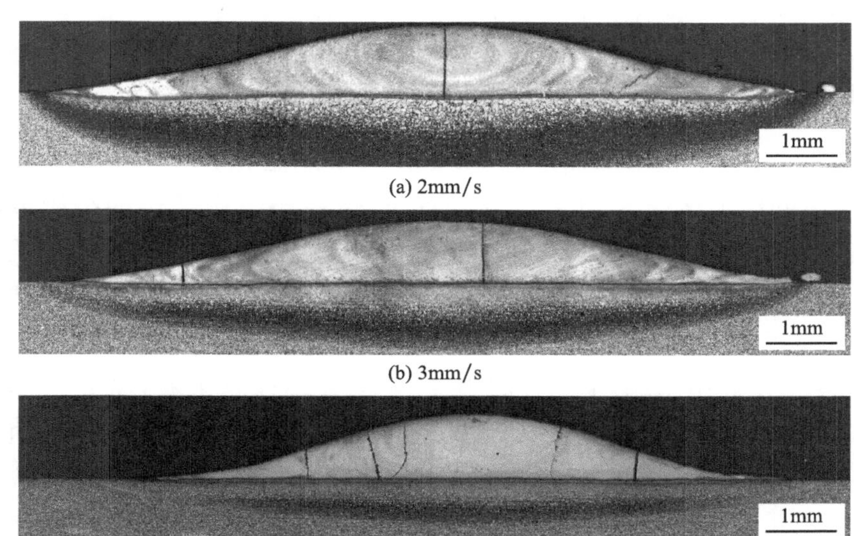

(a) 2mm/s

(b) 3mm/s

(c) 5mm/s

图 4.20　激光功率为 1.5kW 时的 FeBSiNb 合金熔覆层全貌图

表 4.1　激光扫描速度为 5mm/s 时的 FeBSiNb 合金熔覆层参数

激光功率/kW	熔覆层高度/μm	热影响区深度/μm	熔覆层宽度/μm
1.5	928.182	763.195	10864.19
2.0	938.494	1072.952	11752.33
2.5	989.999	1371.600	12454.49

表 4.2　激光功率为 1.5kW 时的 FeBSiNb 合金熔覆层参数

激光扫描速度/(mm/s)	熔覆层高度/μm	热影响区深度/μm	熔覆层宽度/μm
2	1206.606	1876.902	12601.54
3	1144.686	1175.807	11571.28
5	928.182	763.195	10864.19

熔覆层制备时采用的激光器的聚焦光斑为 14mm×1.5mm，预置粉末厚度为 1mm，由表 4.1 和表 4.2 可知，熔覆层宽度均小于 14mm，且最大宽度差达到 1737.35μm，而部分试样的熔覆层高度却超过了预置粉末厚度，且最大宽度差达到 278.424μm。对照不同熔覆层的参数不难发现，热输入小时熔覆层宽度较小，热输入大时熔覆层高度较大。其原因可能在于，热输入小时激光光斑两端能量较低，熔覆效果差只能形成焊瘤；热输入大时由于熔池内部剧烈的搅拌作用，液态合金由激光光斑两端所在的熔池边缘向熔池中部回流，在凝固收缩作用下，形成了中间高、两边低的弓形熔覆层。

4. 金相观察分析

图 4.21 为激光扫描速度为 5mm/s 时不同激光功率下 FeBSiNb 合金熔覆层不同区域的金相组织。可以看出，熔覆层三个部位的组织差异不大，表层均为粗大枝晶；中部晶粒尺寸相对细小；内界面下部为马氏体组织，上部依次为胞状晶区、细小枝晶区和细晶区。图 4.22 为激光功率为 1.5kW 时不同激光扫描速度下 FeBSiNb 合金熔覆层不同区域的金相组织，其各部分金相组织与图 4.21 中差异不大。综合来看，激光扫描速度相同时，激光功率较小的熔覆层晶粒更为细小、细晶区范围更大；而激光功率相同时，激光扫描速度大的熔覆层晶粒尺寸较小、细晶区范围更大。

对熔覆工艺参数为“10-2.5”的 FeBSiNb 合金熔覆层进行金相观察，如图 4.23 所示。从图 4.23(a)和(b)可以看出，熔覆层组织致密，除裂纹外无明显缺陷，在腐蚀液的作用下熔覆层分为深浅颜色明显的两种区域；熔覆层润湿角流布自然，约为 20°，较小的润湿角表明熔覆层润湿性能良好。从图 4.23(c)中可以确定裂纹起源于内界面并向熔覆层表面扩展。从图 4.23(d)～(h)可以看出熔覆层表面分布着一薄层生长方向排列散乱的粗大枝晶；熔覆层上部和中部主要为掺有少量枝晶相的细晶组织，且越靠近熔覆层表面的区域枝晶数量越多、枝晶尺寸越大；熔覆层下部主要为晶粒更为细小的细晶组织；熔覆层内界面处无明显孔隙、夹杂等缺陷，这表明熔覆层与基体具有良好的冶金结合，内界面下方为基体受到热作用后在奥氏体化区域中产生的马氏体组织，上方依次为胞状晶区、细小枝晶区和细晶区。

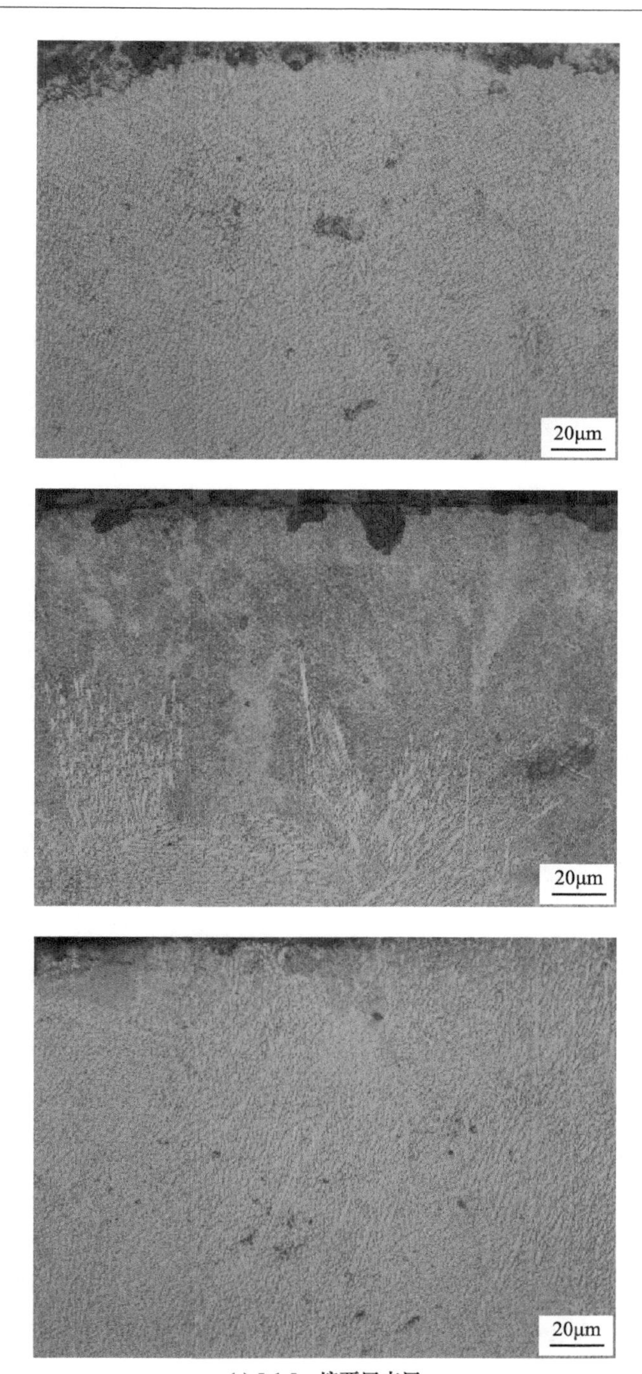

(a) 5-1.5，熔覆层表层

(b) 5-2.0，熔覆层中部

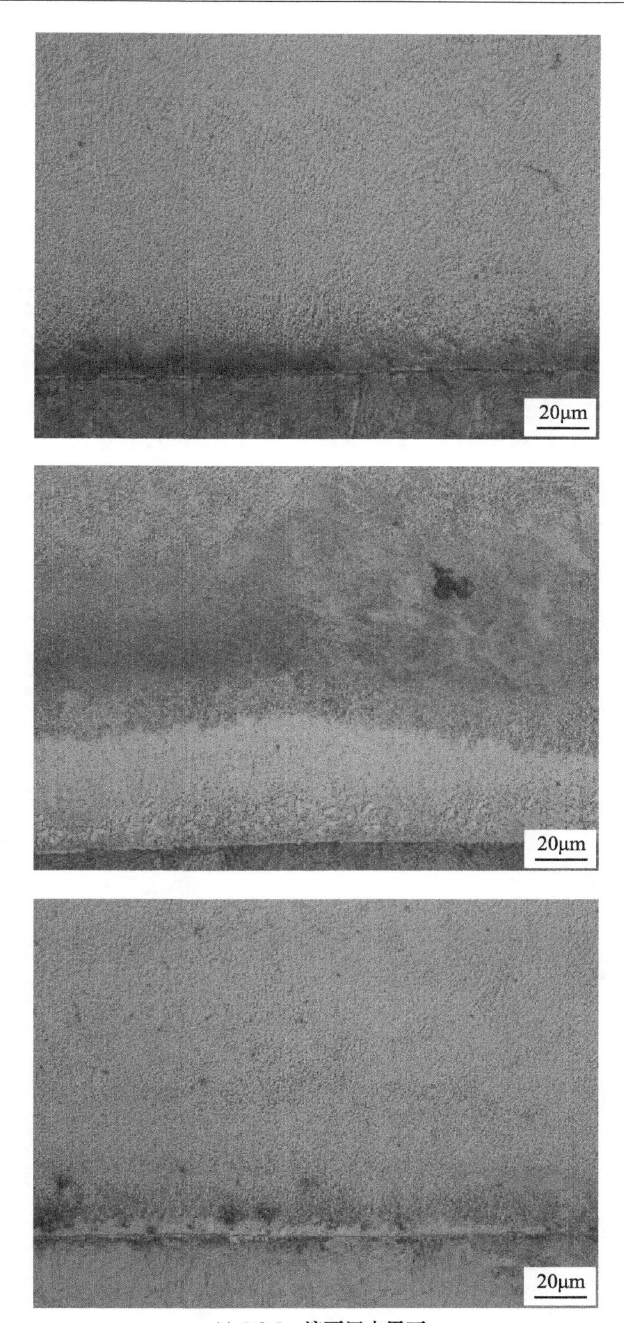

(c) 5-2.5，熔覆层内界面

图 4.21　激光扫描速度为 5mm/s 时不同激光功率下 FeBSiNb 合金熔覆层不同区域的金相组织

(a) 2-1.5，熔覆层表层

(b) 3-1.5，熔覆层中部

(c) 5-1.5，熔覆层内界面

图 4.22　激光功率为 1.5kW 时不同激光扫描速度下 FeBSiNb 合金熔覆层不同区域的金相组织

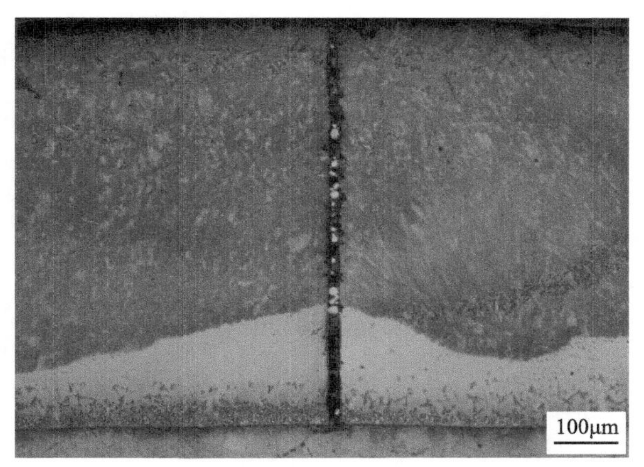

(a) 熔覆层截面形貌

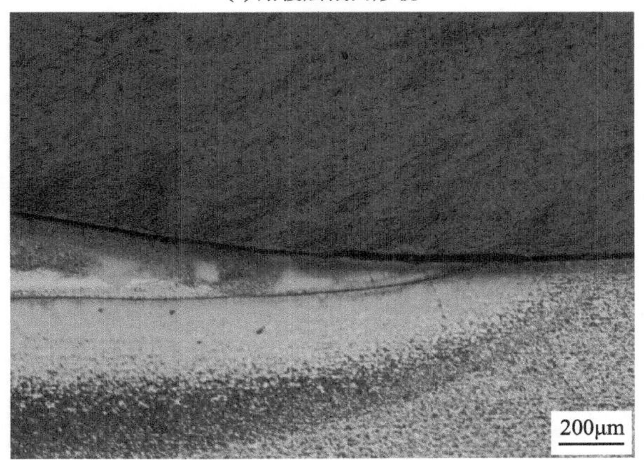

(b) 熔覆层润湿角

(c) 熔覆层裂纹

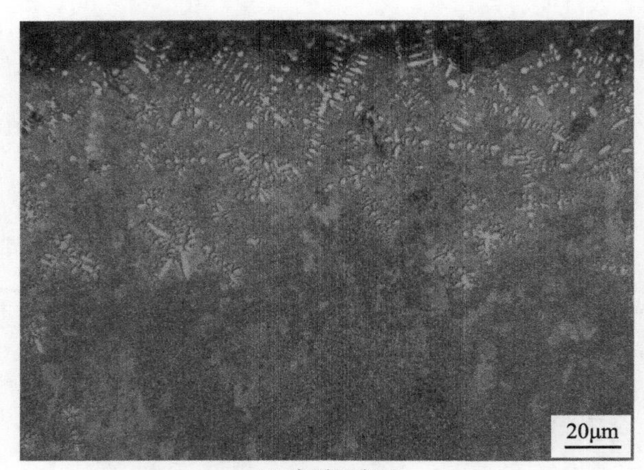

(d) 熔覆层表层

(e) 熔覆层上部

(f) 熔覆层中部

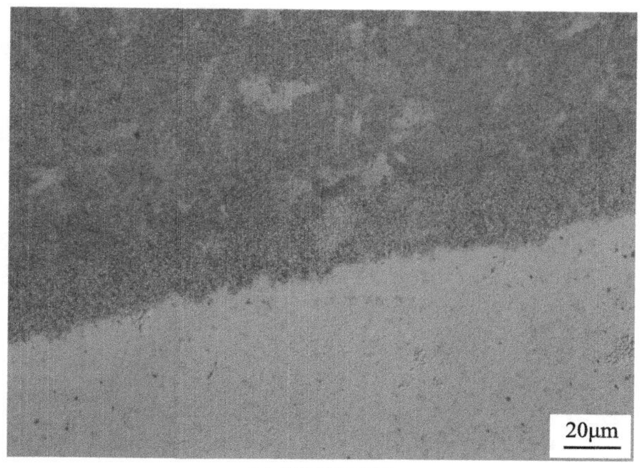

(g) 熔覆层下部

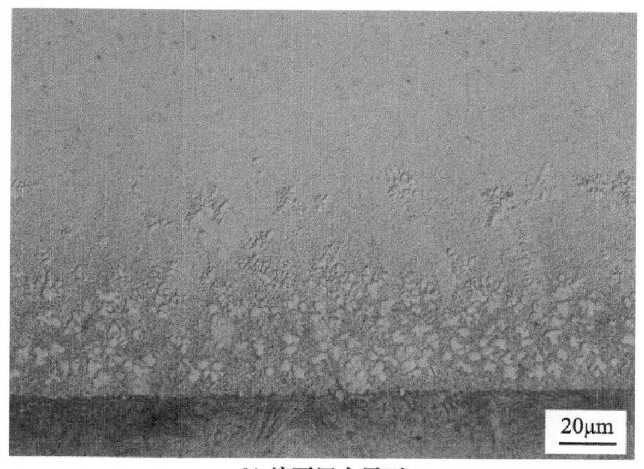

(h) 熔覆层内界面

图 4.23　熔覆工艺参数为“10-2.5”的 FeBSiNb 合金熔覆层不同区域的金相组织

图 4.24 为 FeBSiNb 合金熔覆层距表面不同深度处的裂纹形貌。可以看出，熔覆层近表面区域的裂纹最窄，且裂纹宽度由表面至内界面逐渐增大。表 4.3 为 FeBSiNb 合金熔覆层不同部位的裂纹宽度，可以看出裂纹由内界面处萌生后，沿纵向扩展直至熔覆层表面。裂纹的生成位置表明熔覆层材料与基体材料在凝固过程中存在热失配现象。

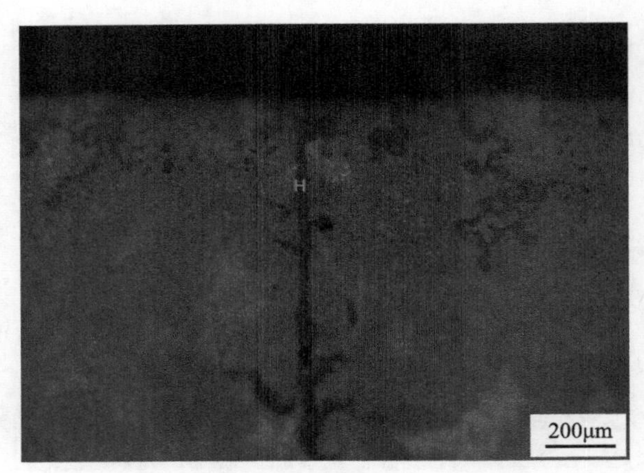

(a) 熔覆层表层

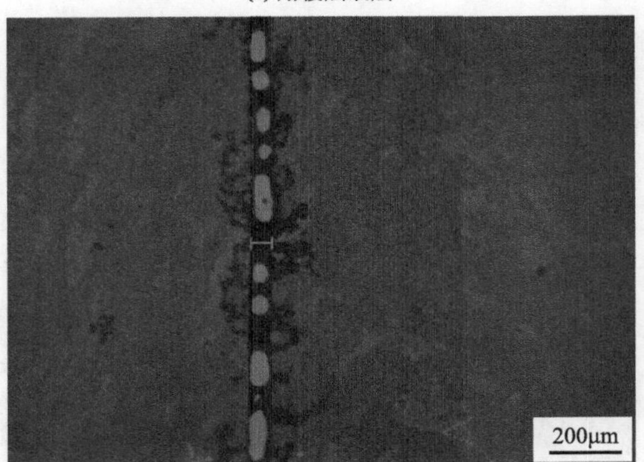

(b) 熔覆层上部

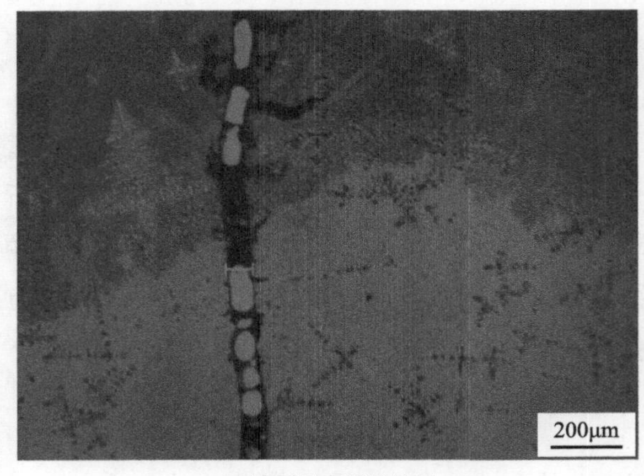

(c) 熔覆层中部枝晶区

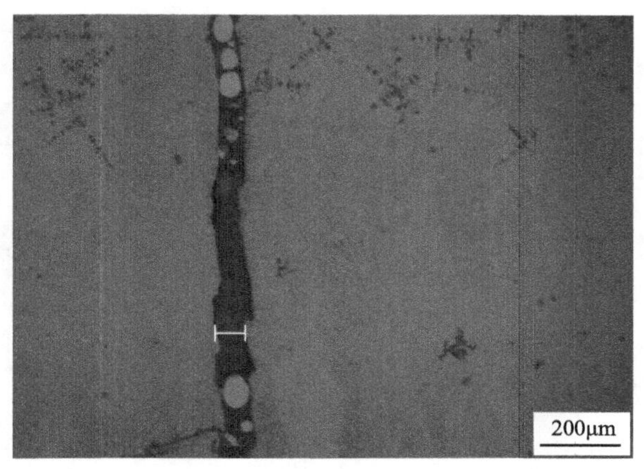

(d) 熔覆层中部细晶区

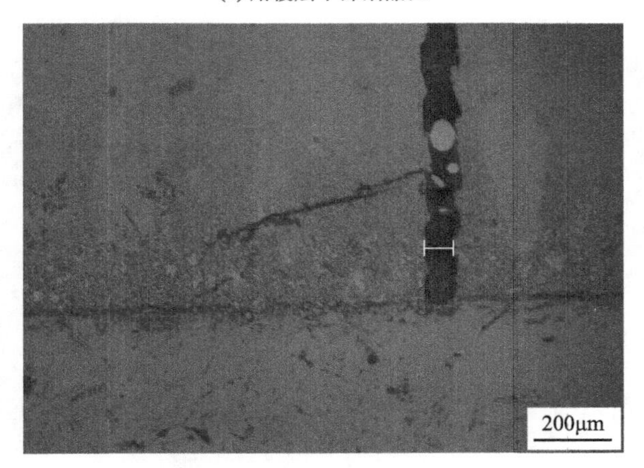

(e) 熔覆层内界面

图 4.24 FeBSiNb 合金熔覆层沿纵向不同深度处的裂纹形貌

表 4.3 FeBSiNb 合金熔覆层不同部位的裂纹宽度

位置	表层	上部	中部枝晶区	中部细晶区	内界面
裂纹宽度/μm	28	71	90	99	110

5. TEM 分析

增大激光功率和降低激光扫描速度都有助于去除裂纹，当激光功率为3.0kW、激光扫描速度为 2mm/min 时制备出的熔覆层完全不存在裂纹。图 4.25 为利用 TEM 观察得到的该熔覆层显微组织的微观形貌与结构。熔覆层为典型的晶化相组织，未显示出明显的非晶结构特征；组织中的白色块状物为 α-Fe 晶粒，黑色片状物为 Fe_2B 晶粒。

(a) 熔覆层显微组织

(b) 熔覆层中的Fe_2B相

(c) 熔覆层中的α-Fe相

(d) 熔覆层的晶体结构

图 4.25 FeBSiNb 合金熔覆层 TEM 显微组织的微观形貌与结构

6. 显微硬度分析

硬度试验分别测量了 FeBSiNb 合金熔覆层的维氏硬度和洛氏硬度。测量维氏硬度时，在熔覆层中部从基体到表面每间隔 0.1mm 测量 1 次，每个平行位置共测量 3 次，结果取平均值；测量洛氏硬度时，首先将熔覆层试样表面磨平，随机分散选取 10 个点进行测量，将所测得的数据去除最大值和最小值后取平均值作为最终结果。

图 4.26 为不同熔覆工艺参数下 FeBSiNb 合金熔覆层的维氏硬度。

可以看出，熔覆层的维氏硬度明显大于基体，且纵向分布较为均匀。在同一激光扫描速度下，熔覆层的维氏硬度随激光功率的增大而降低，这是由于相同激光扫描速度时，较大的激光功率会带来较大的热输入量，延缓了熔池的凝固，即降低了冷却速度。而激光扫描速度的增大可以显著提高熔覆层的维氏硬度，这是由于激光功率相同时单位时间内的热输入量相同，激光扫描速度的增大减小了激光的停留时间，降低热输入量的同时增大了冷却速度。

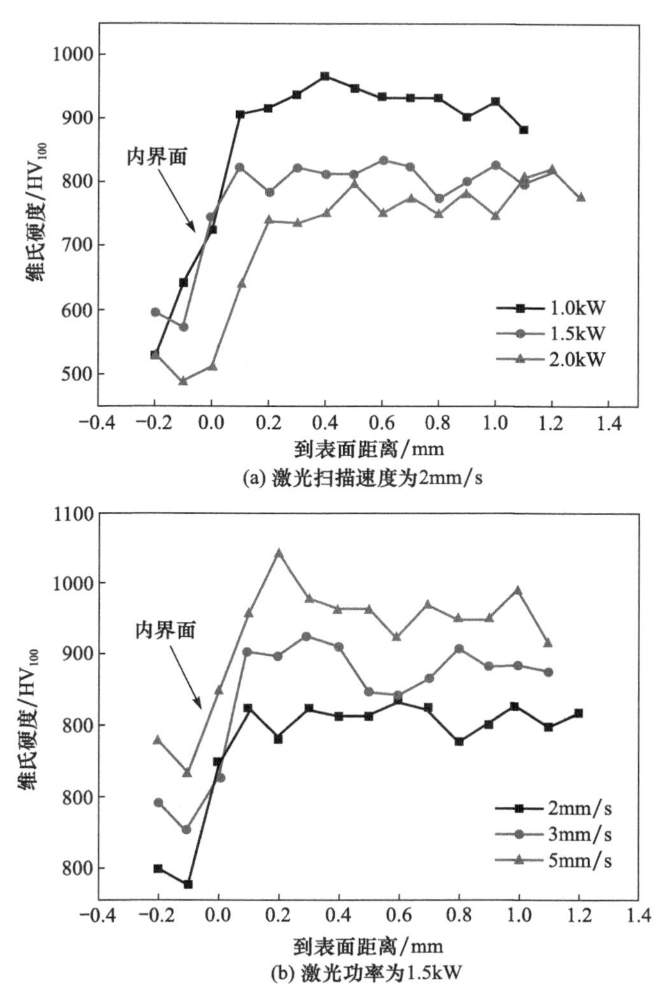

图 4.26　不同熔覆工艺参数下 FeBSiNb 合金熔覆层的维氏硬度

由图 4.26 可以看出，激光扫描速度相同时，激光功率较低时，熔覆层的维氏硬度较高，而激光功率相同时，激光扫描速度较低的熔覆层其显微硬度反而更高。因此，在激光熔覆试验中，应当在保证熔覆层具有良好成形和表面质量的前提下，最大限度提高熔覆时的激光扫描速度，并尽可能降低激光熔覆功率。

图 4.27 为采用“2-1.0”作为熔覆工艺参数时 FeBSiNb 合金熔覆层到表面不同距离处的压痕形貌。可以看出，基体、内界面及熔覆层中上部处的压痕均呈规则对称的菱形，这表明熔覆层组织十分均匀；而表层处的压痕上、下两个三角形面积明显不同，其原因可能在于，熔池表面由于氧化现象生成的氧化产物，往往作为异质形核点促进熔池表面快速晶化，使得熔覆层表层的晶粒尺寸梯度较大，而使其维氏硬度差异较大，进而造成了打磨不平整。

为准确反映熔覆层的硬度是否达到工业应用要求，对 FeBSiNb 合金熔覆层进行了洛氏硬度测量，结果如图 4.28 所示。整体来看，洛氏硬度值分布都较为均匀，且完全满足应用于轧辊的技术指标(62HRC)，且在熔覆工艺参数为“3-1.5”时，熔覆层的洛氏硬度高达 68.67HRC。此外，采用较高的激光扫描速度和较低的激光功率时熔覆层具有较高的硬度值这一规律对洛氏硬度同样成立。

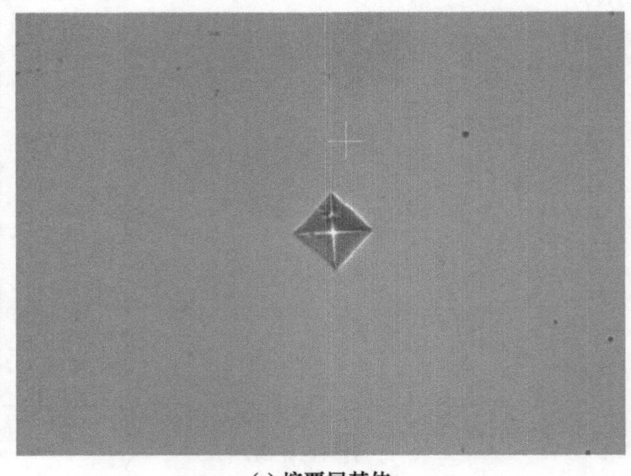

(a) 熔覆层基体

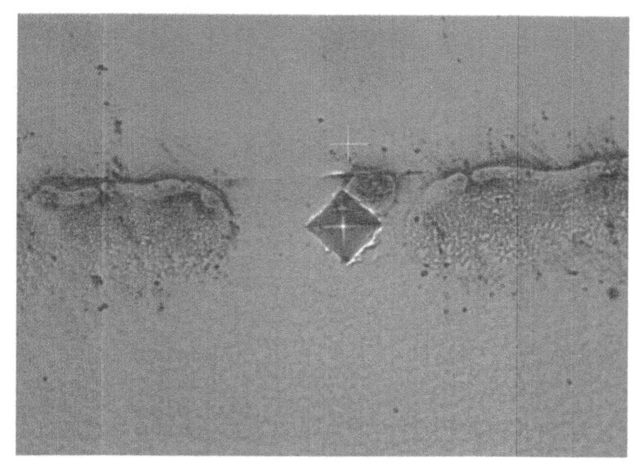

(b) 熔覆层内界面

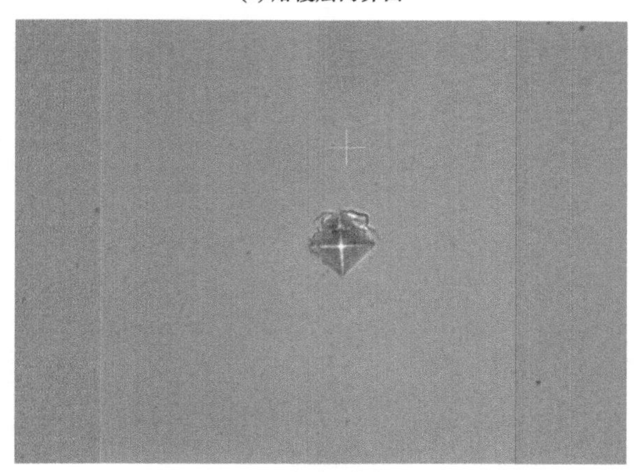

(c) 熔覆层中部

(d) 熔覆层上部

(e) 熔覆层次表层

(f) 熔覆层表层

图 4.27　熔覆工艺参数为“2-1.0”时 FeBSiNb 合金熔覆层到表面不同距离处的压痕形貌

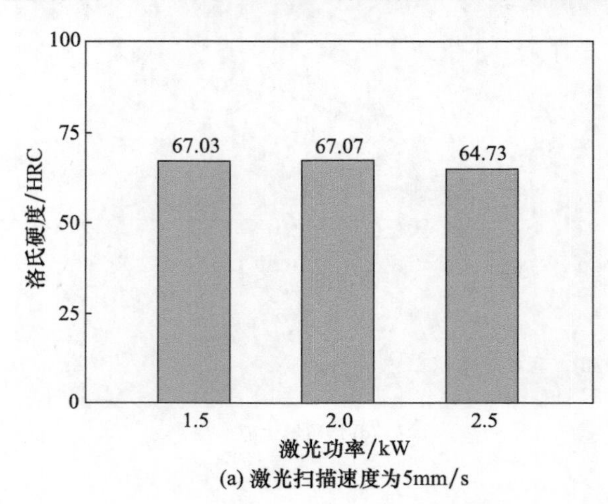

(a) 激光扫描速度为5mm/s

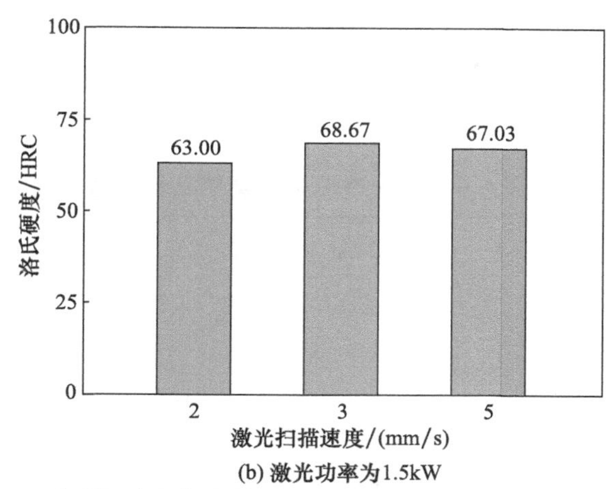

(b) 激光功率为1.5kW

图 4.28　不同熔覆工艺参数下 FeBSNiNb 合金熔覆层的洛氏硬度

4.6　激光熔覆 FeCoNiBSiNb 合金熔覆层

工业生产中进行再制造修复时,影响修复效率的因素主要有两个:①再制造修复前,工作人员往往将合金材料雾化成粉末,通过提高合金成分的均匀度减少激光熔覆过程中的偏析,从而提高修复质量,但雾化制粉会大大延长熔覆层制备周期,还增加了再制造成本;②传统激光熔覆工艺往往存在激光光斑尺寸过小、激光能量密度不足等问题,使得制备厚熔覆层时所需的工序十分烦琐,这大大限制了熔覆层厚成形技术的发展。因此,如果能利用原始合金粉末原位制备出大厚度的合金熔覆层,则能显著缩短制备周期,提高再制造效率。

4.6.1　试验材料及方法

1. 基体材料

基体材料及其预处理方法与 FeCrMoCBY 合金熔覆层相同(参见 4.4.1 节)。

2. 熔覆材料

选用自混的 FeCoNiBSiNb 合金粉末作为熔覆材料。将粒度为 150～250 目的 Co、Ni、Fe 纯金属单质和硼铁、硅铁、铌铁的原始合金进行充分机械混合后,在 80℃下真空干燥 2h,真空慢冷至室温。

3. 试验方法

FeCoNiBSiNb 合金熔覆层采用送粉法进行制备,送粉气体为高纯氩气。

同步送粉激光熔覆可调节的工艺参数有激光功率、激光扫描速度、送粉速率，为获得最优的激光熔覆工艺参数，设计一个三因子三水平的正交试验。把熔覆层的表面质量和厚度作为优化目标，各因子及其对应的水平值如表 4.4 所示。

表 4.4　激光熔覆工艺参数三水平值

熔覆工艺参数	参数水平		
	1	2	3
激光功率/kW	2.0	2.5	3.0
激光扫描速度/(mm/s)	5	10	15
送粉速率/(g/min)	15	20	25

根据上述激光器的三个熔覆工艺参数及其水平值，选用一个三因子三水平的正交表 $L_9(3^3)$，将其第 4 列设为空白列，表格设计如表 4.5 所示。

表 4.5　正交试验设计

试验编号	因子和水平			
	激光功率/kW	激光扫描速度/(mm/s)	送粉速率/(g/min)	空白
1	2.0	5	15	
2	2.0	10	20	
3	2.0	15	25	
4	2.5	5	20	
5	2.5	10	25	
6	2.5	15	15	
7	3.0	5	25	
8	3.0	10	15	
9	3.0	15	20	

4.6.2　FeCoNiBSiNb 合金熔覆层

1. 成形质量分析

根据表 4.5 中试验编号对应的熔覆工艺参数对基体进行激光熔覆，得到的 FeCoNiBSiNb 合金熔覆层宏观形貌如图 4.29 所示。对比图 4.29(a)、(b)、(c)或图 4.29(d)、(e)、(f)或图 4.29(g)、(h)、(i)，发现当激光功率相同时，熔覆层的成形质量随着激光扫描速度的增加而显著降低，焊道纹路结构越来越明显，连续性变差，同时熔覆层表面亮度与光洁度降低。这是因为热输入量随着激光扫描速度的增加而减小，激光能量在穿过熔覆层后不能连续到达基体表面，熔池中合金粉末没有被完全熔解。熔覆层表面呈暗灰色和黑色是因为合金粉末在熔覆过程中发生了氧化。如图 4.29(c)所示，当激光扫描速度达到 15mm/s 时，粉末由于来不及与基体形成冶金结合，粉末自身结合在一起形成间断的颗粒状表面。

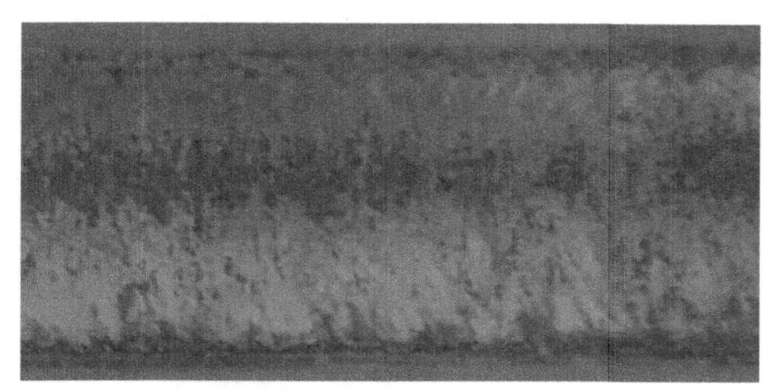

(a) 2.0kW，5mm/s，15g/min

(b) 2.0kW，10mm/s，20g/min

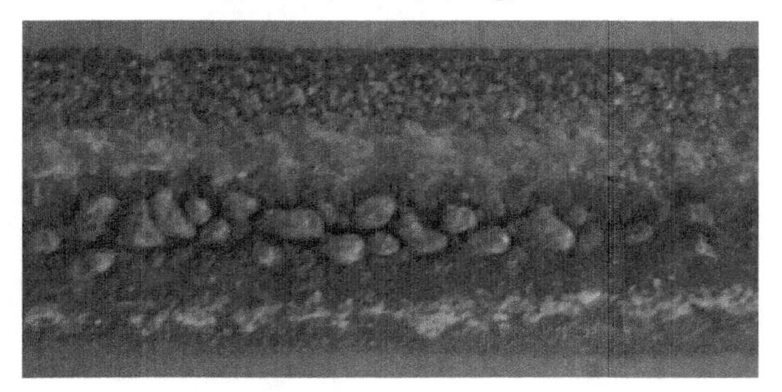

(c) 2.0kW，15mm/s，25g/min

(d) 2.5kW，5mm/s，20g/min

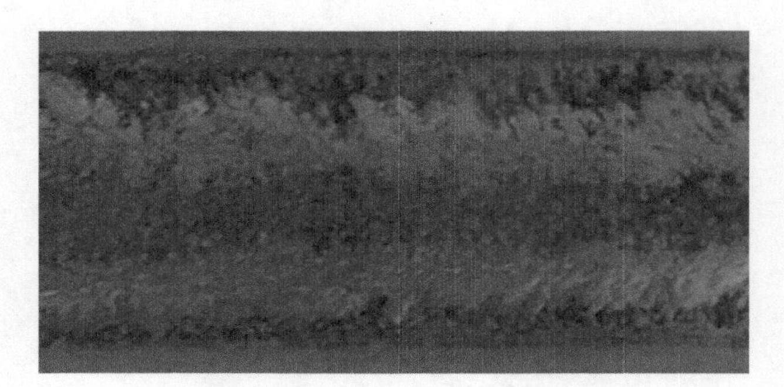

(e) 2.5kW，10mm/s，25g/min

(f) 2.5kW，15mm/s，15g/min

(g) 3.0kW，5mm/s，25g/min

(h) 3.0kW，10mm/s，15g/min

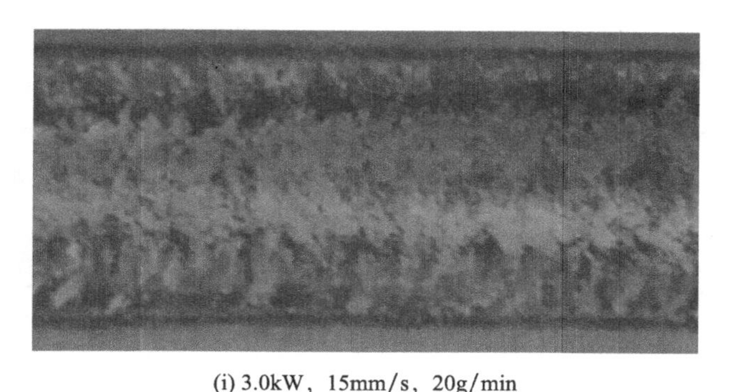

(i) 3.0kW，15mm/s，20g/min

图 4.29 FeCoNiBSiNb 合金熔覆层的宏观形貌

利用三维形貌软件测量的 FeCoNiBSiNb 合金熔覆层宽度和高度如图 4.30 所示。可以看出，在一定的激光扫描速度下，增大激光功率和送粉速率能够增大熔覆层熔宽和熔高。当激光功率为 3.0kW，激光扫描速度为 5mm/s 且送粉速率为 25g/min 时（试验 7）熔覆层具有最大熔高，为 1.861mm，远大于其他熔覆层。图 4.31 为该熔覆层的横截面全貌图，熔覆层与基体呈良好的冶金结合，熔覆层组织分布较为均匀，仅在熔覆层表层及近界面处分布有少量孔隙；熔覆层左侧存在一条贯穿熔覆层截面的裂纹，较少的裂纹数量表明熔覆层成形质量较好；经测量，熔覆层与基体的平均润湿角仅为 26.9°，这说明熔覆层的润湿性能优异。

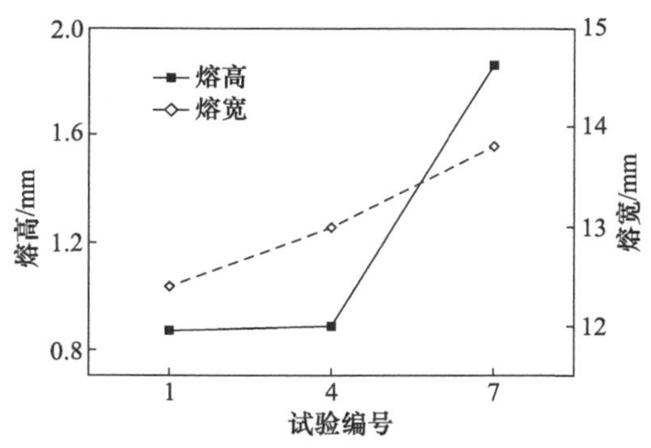

图 4.30 FeCoNiBSiNb 合金熔覆层熔高与熔宽

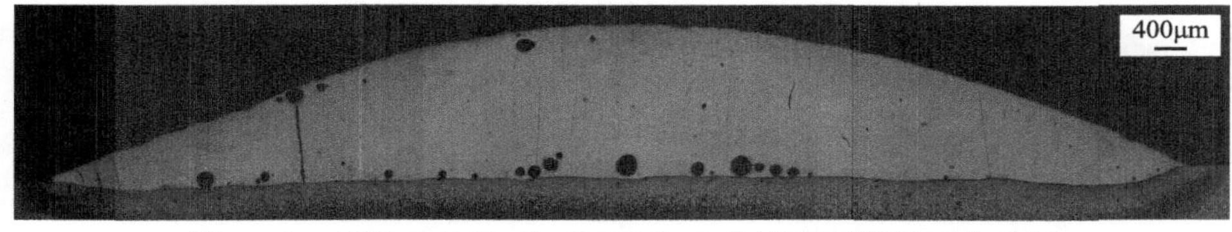

图 4.31 试验 7 的 FeCoNiBSiNb 合金熔覆层横截面全貌图

2. 相结构分析

图 4.32 为试验 4、5、6 的 FeCoNiBSiNb 合金熔覆层的 XRD 图谱。熔覆层中主要存在 γ(Fe,Ni)相、Co_3Fe_7 相、γ-Fe 相和 $Fe_{23}B_6$ 相，衍射峰尖锐且强度高，说明熔覆层晶化程度很高，所含非晶量很少。当激光扫描速度最低时，熔覆层中晶化峰最多，晶相成分最复杂，当激光扫描速度增加时，$Fe_{23}B_6$ 相逐渐消失，而(Fe,Ni)相、Co_3Fe_7 相、γ-Fe 相衍射峰均有提高，说明增大激光扫描速度有利于这三种晶相的形成。

图 4.33 为试验 7 的 FeCoNiBSiNb 合金熔覆层的 XRD 图谱。可以看

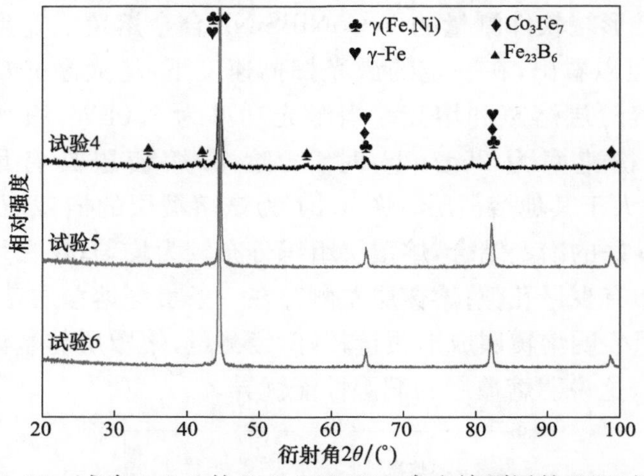

图 4.32 试验 4、5、6 的 FeCoNiBSiNb 合金熔覆层的 XRD 图谱

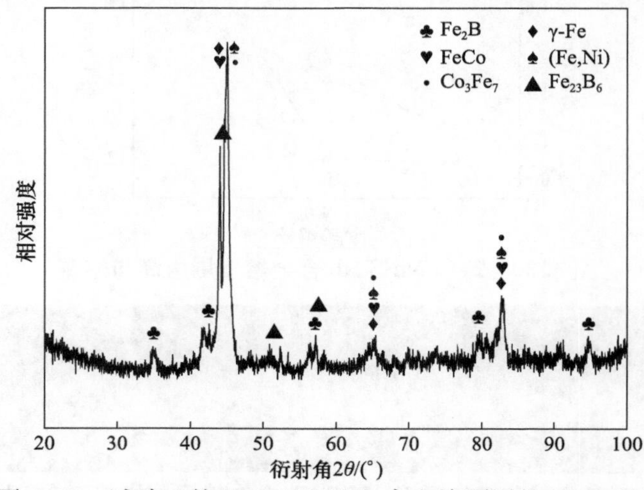

图 4.33 试验 7 的 FeCoNiBSiNb 合金熔覆层的 XRD 图谱

出，曲线在衍射角为44°左右处出现了明显的表征非晶的漫散射峰，另外，在漫散射峰上叠加了较弱的Fe_2B相晶相峰及(Fe，Ni)相、Co_3Fe_7相、γ-Fe相、FeCo相。与试验4、5、6中44°衍射角处衍射峰相比，试验7中晶化峰的相对强度显著降低，说明非晶形成倾向增大。

3. 微观组织分析

图4.34为试验7的FeCoNiBSiNb合金熔覆层截面的显微形貌。从图4.34(a)可以看出，熔覆层与基体在结合界面呈现出良好的冶金结合，无裂纹孔洞等缺陷。由于激光熔覆本身就具有较快的冷却速度和良好的基体导热能力，界面的温度梯度(*G*)很高，同时凝固的瞬间结晶速度(*v*)非常小，

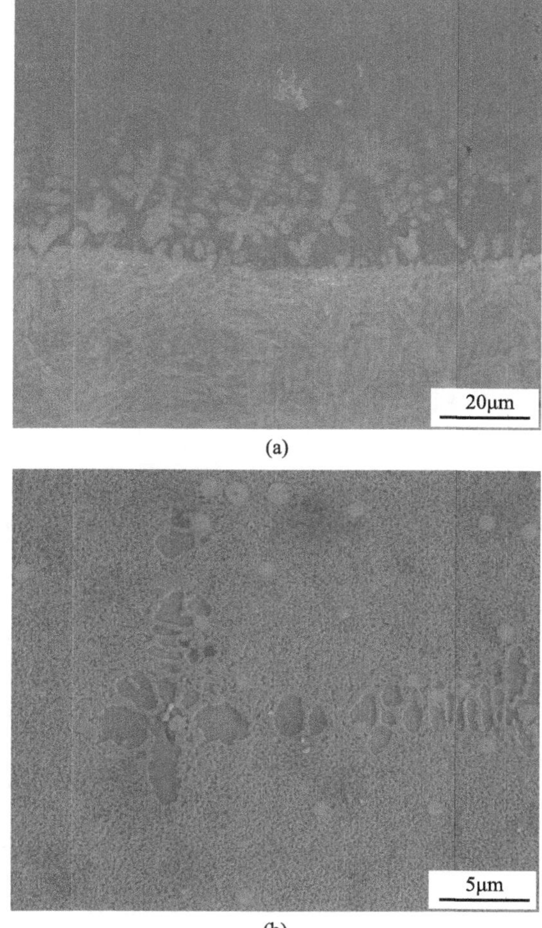

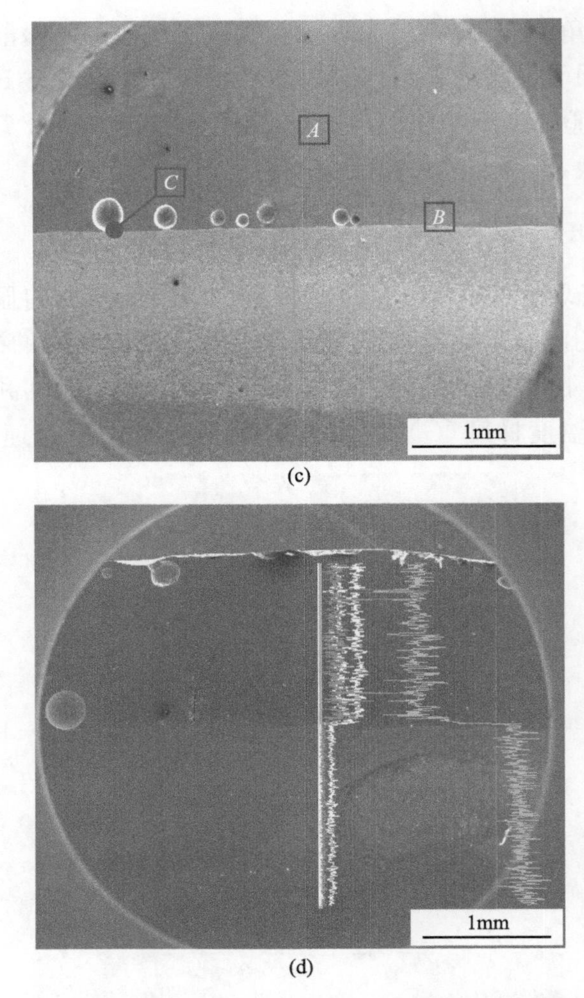

图 4.34　试验 7 的 FeCoNiBSiNb 合金熔覆层截面的显微形貌

即 G/v 很高，界面呈现出平面状结晶。即在凝固初期，熔覆层与基体的界面发生外延生长，并形成一层很薄的平面晶。随着固液界面的推移，液相温度梯度逐渐减小，出现成分过冷，使界面上凸起的胞状晶向液相内生长一定距离，并逐渐形成柱状晶，柱状晶向周围排出溶质，因此横向也出现成分过冷，从而形成树枝晶。但树枝晶在生长过程中受到熔池搅动和强热对流作用，生长到一定程度后会受到不断冲刷而破碎。图 4.34(b)所示熔覆层中部主要为粗大的雪花状枝晶和夹杂在晶间的等轴细晶，未发现非晶特征区域。

图4.34(c)中的白色区域，当基体结合区吸收激光热量后，该区域温度升高到奥氏体相变温度但未达到熔化的温度，在急速冷却的过程中转变为以板条马氏体和针状马氏体为主的混合马氏体，该区域也称为热影响区。白亮区域下方的基体距离液态合金较远，仅靠熔池热传导不足以使该区域温度达到奥氏体相变温度，而且冷却速度相对表层更加缓慢，因此该区域基体组织仍然保持原始的平衡态组织，即铁素体和珠光体(或索氏体)混合组织。

为了探究熔覆层非晶含量低的原因，对熔覆层不同部位的元素组成进行分析，结果如图4.34(c)所示。其中，A点成分为$Fe_{39.68}Co_{20.85}Ni_{23.22}Si_{11.61}Nb_{4.64}$，$B$点成分为$Fe_{59.57}Co_{19.23}Ni_{11.97}Si_{6.09}Nb_{3.14}$，$C$点为熔覆层中孔洞，其成分为$Fe_{48.8}Co_{15.17}Ni_{12.5}Si_{9.64}Nb_{13.89}$，Nb含量远超名义成分，这是由于激光熔覆的粉末是混合金属粉末，其中铌铁的熔点较高，激光熔覆过程中有部分铌铁颗粒未完全熔化。A点与名义成分$Fe_{43.2}Co_{14.4}Ni_{14.4}B_{19.2}Si_{4.8}Nb_4$接近，因此有形成非晶的潜力。而结合层处$B$点中Fe元素远高于名义成分，这主要是由于Fe元素在熔池的搅拌作用下扩散到了熔覆层中。

为了研究激光熔覆对基体的稀释作用，对熔覆层做线扫描，如图4.34(d)所示。显然，Fe元素在基体中的含量远大于熔覆层，且在界面处存在明显的过渡层，这说明Fe元素从基体进入熔覆层中，使得熔覆层中的Fe元素含量高于名义成分，导致非晶形成能力下降。

4. 显微硬度分析

图4.35为试验4、5、6的FeCoNiBSiNb合金熔覆层显微硬度及其压痕形貌。可以看出，不同熔覆工艺参数下制备出的熔覆层显微硬度不同，熔覆层的平均维氏硬度均大于900HV_{100}，远高于基体硬度。激光扫描速度的增加能提高冷却速度，通过细化组织减小晶粒尺寸，从而提高了显微硬度；当激光扫描速度达到15mm/s时，由于激光扫描速度过快，熔覆层成形质量下降，即使加大送粉速率，也不能熔融更多金属粉末，因此显微硬度反而有所减小。图4.35(b)为熔覆层中无明显晶相结构特征区域处的维氏硬度压痕形貌，可以看出，其显微硬度明显高于熔覆层中其他区域，这说明熔覆层中存在一定含量的非晶态结构。

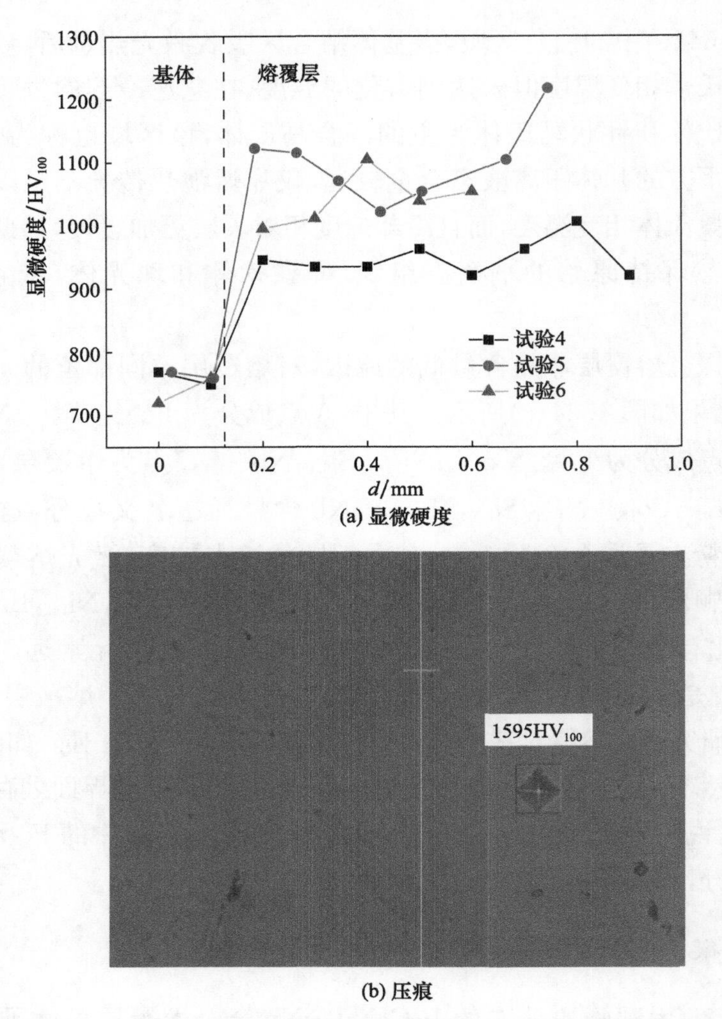

(a) 显微硬度

(b) 压痕

图 4.35　试验 4、5、6 的 FeCoNiBSiNb 合金熔覆层显微硬度与显微硬度压痕

参 考 文 献

［1］ 虞钢，何秀丽，李少霞. 激光先进制造技术及其应用［M］. 北京：国防工业出版社，2016.

［2］ 梁秀兵，陈永雄，程江波，等. 电弧喷涂亚稳态复合涂层技术［M］. 北京：科学出版社，2014.

［3］ 史玉升，等. 激光制造技术［M］. 北京：机械工业出版社，2012.

［4］ 李亚江，等. 激光焊接/切割/熔覆技术［M］. 北京：化学工业出版社，2012.

[5]　朱彦彦. 半导体激光熔覆铁钴基非晶层的研究[D]. 上海：上海交通大学，2013.

[6]　梁秀兵，刘渤海，史佩京，等. 智能再制造工程体系[J]. 科技导报，2016，34(24)：74-79.

[7]　胡汉起，郑启光，李梅平，等. 碳钢表面 Fe-Ni-Cr-Si-B 合金熔敷层的激光处理[J]. 北京科技大学学报，1994，16(2)：131-134.

[8]　Wu X L，Hong Y S. Fe-based thick amorphous-alloy coating by laser cladding[J]. Surface and Coatings Technology，2001，141(2-3)：141-144.

[9]　Zhang P L，Yan H，Xu P Q，et al. Microstructure and tribological behavior of amorphous and crystalline composite coatings using laser melting[J]. Applied Surface Science，2012，258(18)：6902-6908.

[10]　Katakam S，Kumar V，Santhanakrishnan S，et al. Laser assisted Fe-based bulk amorphous coating：Thermal effects and corrosion[J]. Journal of Alloys and Compounds，2014，604(9)：266-272.

[11]　Balla V K，Bandyopadhyay A. Laser processing of Fe-based bulk amorphous alloy [J]. Surface and Coatings Technology，2010，205(7)：2661-2667.

第5章 自动化激光清洗技术

1969年,Bedair等[1]用调Q激光来清除镍表面的氧和硫污染层,并首次使用了"激光清洗"(laser cleaning)这个术语。1974年,Fox[2]用掺钕玻璃激光照射涂在树脂玻璃和金属基底的油漆,发现激光能够有效去除油漆层。20世纪80~90年代,激光清洗的研究取得了很大的进展。随着微电子产业的发展,微粒污染已经成为器件污染的主要来源。由于微粒粒径小,其与基体的结合力是自身重力的10^6倍,传统的清洗方法难以有效进行清除。1987年,Beklemyshev等[3]进行了激光清除表面微小颗粒的试验,试验表明激光具有高效的光解吸附作用,对于半导体材料(如硅片)的作用尤为明显,试验成功地去除了硅表面的钾、钠、铜和铁等金属。1988年,Assendel'ft等[4,5]首次研究了湿式激光清洗,采用100ns、300mJ的短脉冲红外激光清除覆盖了一层液膜的硅片表面颗粒,研究发现适当厚度的液膜有助于提高微粒的清洗效率。1985年,Woodroffe[6]用脉冲能量1kJ、脉宽20μs、重复频率10Hz的CO_2激光进行脱漆试验,取得了很好的清洗效果。随着高能量密度激光器和加工头等关键技术的不断提升,激光清洗技术在激光除锈[7]、橡胶轮胎模型[8~10]、核放射污染治理[11]、古文物的保护[12]等诸多领域均取得了显著的应用效果。激光清洗因其独特的优势已逐渐成为不可替代的绿色清洗技术,随着研究的深入和科学技术的发展,这项逐渐走向成熟的技术将会迎来更为广泛的应用。

5.1 激光清洗特征及机理

金属表面污染物(如油污、锈蚀、油漆等)的清洗方法很多,如机械清洗法、化学清洗法和超声波清洗法等,但这些传统清洗方法普遍存在清洗质量不高、对环境产生二次污染等缺陷。激光清洗是一种绿色清洗方法,具有绿色无污染、清洗效率高、清洁效果好、清洗工艺简单、清洗成本低等优点。激光清洗技术主要利用高能量密度的脉冲激光束作用于工件表面,通过烧蚀效应、振动效应和声波振碎使表面的氧化物、污物或涂层脱离基体表面，从而实现表面清洗净化的效果[13]。

5.1.1　激光清洗特征

激光清洗是通过光学系统对高亮度和方向性好的激光光束进行聚焦和整形获得高能量的激光束，并使之照射到待清洗零部件表面，清洗表面附着物或表面涂层的激光应用技术。该技术已在航空领域、微电子行业等高端制造和再制造领域得到了应用。

传统的清洗技术在环境保护和高精度领域无法满足清洗洁净度的要求，其应用受到了很大的限制。例如，机械摩擦清洗主要采用刮、擦等手段，操作简单但工作量大，容易对表面产生损伤且清洗精度不高；化学腐蚀清洗主要利用酸、碱溶液与污物的化学反应达到去除污垢的目的，由于清洗工艺的限制，在清洗过程中容易对基体造成腐蚀，影响基体的寿命，清洗后的酸、碱溶液的排放也会对环境造成污染；高频超声清洗具有表面损伤小、清洗精度较高的优点，但对清洗微米级、纳米级微粒的效果不理想，对于超过清洗容积的大体积物品更是无能为力。

与传统的清洗技术相比，激光清洗技术具有以下优点：

(1) 激光清洗没有机械接触，激光对被清洗物体表面没有损伤，使得激光在清洗脆弱的表面时具有突出的优势。

(2) 激光清洗通过计算机控制，定位精确，易于实现自动化清洗。

(3) 激光清洗运营成本较低，虽然初始投资大，但是在后续清洗时的支出相对较小。

(4) 激光清洗可以有效清除在微电子工艺生产过程中产生的物体表面微米级、纳米级微粒。

(5) 清洗对环境无污染，激光清洗不需要消耗和排放有污染的化学试剂，清洗过程中也只会产生很少的废物，且处理比较容易。

5.1.2　激光清洗机理

激光清洗污染物实质上是激光与污染物以及基体之间相互作用，克服基体与污染物间的黏附力或污染物直接吸收激光能量气化而脱离基体表面的过程。脉冲激光清洗机理主要有烧蚀效应、振动效应和声波振碎。

1. 烧蚀效应

基底表面的污染物层在接受激光辐射时，由于激光与污染物层相互作用，污染物层吸收激光能量并转化成热量，使得污染物层的温度升高。在激光能量密度达到足够高的情况下，污染物温度可以达到上千摄氏度，即可能超过其熔点和沸点。污染物会因此发生燃烧、分解或气化，从而从吸附的固体表面上被移除。据测算，高能量的激光束经聚焦后，位于其焦点附近位置的物体可以被加热到几千摄氏度的高温。烧蚀效应机制其实就是利用高能激光作用于待清洗物所产生的热效应来破坏材料自身的结构，从而消除其与基底的结合力，达到清洗的目的，如图 5.1 所示。

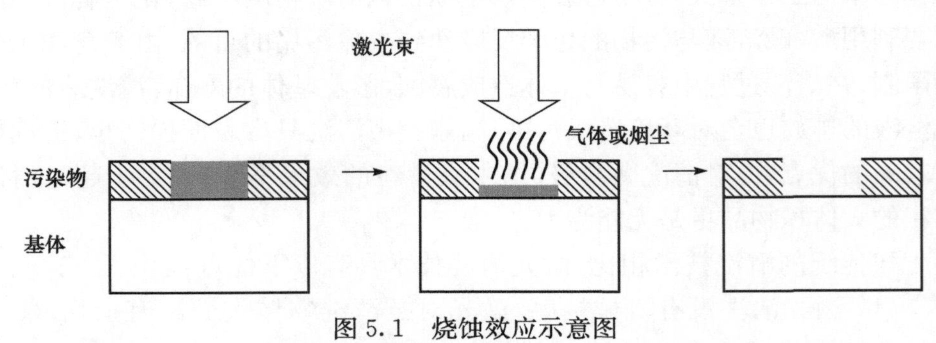

图 5.1　烧蚀效应示意图

2. 振动效应

激光脉冲辐射清洗污染物时，当脉冲激光到达污染物表面时，污染物和基底会反射部分激光能量并各自吸收部分激光能量，这需要污染物对激光具有一定的透过率，实际清洗过程中由于污染物厚度一般都不大，可以满足这个条件。污染物层和基底吸收了激光能量并转化成热能，导致温度升高，同时由于热膨胀系数的不同，污染物层和基底会随着温度的升高而产生不同的热膨胀变形，由于脉冲激光作用时间极短，这种短时间的急剧热膨胀会导致污染物层和基底的结合处产生巨大的应力差，应力差产生的振动能克服黏附力的作用，最终使污染物层脱离基底，如图 5.2 所示。

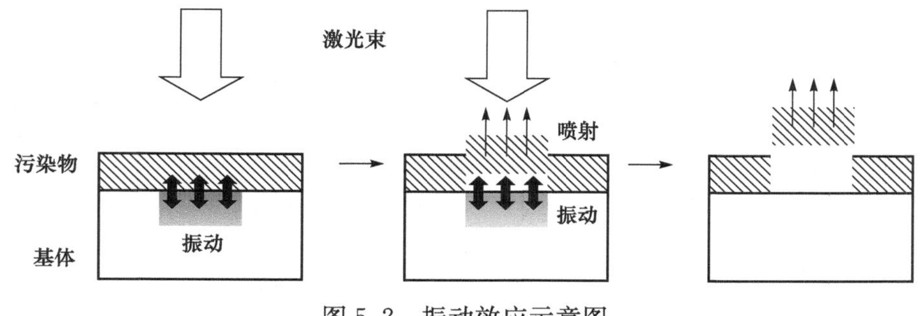

图 5.2　振动效应示意图

3. 声波振碎

由于激光清洗采用的是纳秒级或飞秒级高重复频率脉冲激光，当激光束冲击被清洗的污染物层表面时，部分激光束能量转变成声波，并沿着污染物层厚度方向传播。当声波穿到两层污染物膜的分界面或污染物层与基体的分界面时，部分反射回污染物层并与激光新产生的声波发生干涉，在干涉波的加强处产生高能波，使污染物层发生微区爆炸，而形成细小的粉末，从而达到清洗的目的。

5.2　自动化激光清洗设备

一台完整的激光清洗设备主要由以下几部分组成：激光器系统、光束调整传输系统、移动平台系统、实时监测系统、自动控制操作系统。激光器系统是激光清洗机的核心，输出的激光由其产生；光束调整传输系统的作用是根据实际要求来调整激光的一些输出特性，由一些特殊的光学元件组成；移动平台系统是通过步进电机等驱动装置来带动清洗平台移动的系统；实时监测系统主要用来监测清除效果，将获得的信息及时反馈给控制系统，由控制系统决定清洗是否继续或终止；自动控制操作系统是激光清洗机的控制中枢，用于控制和协调其他各部分系统协同工作来完成清洗任务。

激光是由受激辐射产生的光，具有单色性、高相干性、高方向性、高强度的特点。它的输出特性包括波长、输出能量和功率、脉冲宽度、偏振特性、相干性等。常用的激光清洗器主要有 CO_2 激光器、YAG 激光器和准分子激光器，其输出的特征参数如表 5.1 所示。

表 5.1 常用激光清洗器输出的特征参数

激光器	波长/μm	输出方式	脉冲宽度/ms	输出能量/J	输出最大功率密度/(W/cm²)
CO_2 激光器	10.6	PW/CW	0.1～100	CW:10～10000	10^6
YAG 激光器	1.06	PW/CW	0.01～10	CW:10～10000	10^6
准分子激光器	0.193～0.351	PW	0.007～0.034	1～10	10^{10}

从表 5.1 中可以看出，CO_2 激光器、YAG 激光器和准分子激光器输出的激光波长和脉冲宽度依次降低，相邻两种激光器的波长和脉冲宽度相差近一个数量级。在一般情况下，波长越短，材料对激光的吸收率越高，清洗效果越好。激光的脉冲宽度影响激光作用于物体表面的时间，进一步影响激光的清洗效果。例如，激光清洗微纳颗粒时，激光的脉冲宽度越短，微纳颗粒获得的加速度越大，颗粒越容易清除。

CO_2 激光器、YAG 激光器输出的最大功率密度相同，准分子激光器输出的最大功率密度要比前两个激光器高出四个数量级。激光清洗具有清洗阈值和损伤阈值，在这个范围内，激光器输出的能量密度越高，其清洗效果越好。

5.3 激光清洗漆层

激光清洗漆层前后样品的力学性能并没有明显的差异，激光除漆对蒙皮无显著的影响。在激光清洗阈值内，激光峰值功率密度与清洗效率正相关。水膜的使用可以有效地提高漆层去除率和激光损伤阈值，其激光除漆机理主要是烧蚀效应和振动效应共同作用。在激光清洗阈值范围内，激光清洗铝合金表面蒙皮的清洗效果和质量非常好[14]。

5.3.1 激光峰值功率密度对除漆效率的影响

激光峰值功率密度(F)对除漆效率有很大影响。激光除漆时存在清洗阈值与损伤阈值。当峰值功率密度低于清洗阈值时，激光清洗没有效果；当峰值功率密度高于损伤阈值时，激光清洗时会对基体造成损伤；在激光清洗阈值与损伤阈值之间，峰值功率密度越大，清洗的效率越高。激光峰值功率密度与激光清洗工艺参数的关系式为[15]

$$F=\frac{4P}{f\pi D^2\iota} \tag{5.1}$$

式中，f 为重复频率；D 为光斑直径；P 为该重复频率下的激光平均功率；ι 为脉冲宽度。

因此，可通过调整激光器输出功率、脉冲重复频率、清洗速度等工艺参数来获得高效、优质的激光清洗表面。

表 5.2 为激光峰值功率密度对激光除漆效果的影响。可以看出，当激光峰值功率密度小于 3.54×10^7 W/cm^2 时，漆层表面颜色变浅，扫描区域的漆层开始起皮，但与基体未分离；当激光峰值功率密度增加至 7.08×10^7 W/cm^2 时，扫描区域的漆层开始脱落，有部分漆层开始崩碎，漆层一边边缘已经脱离基体，漆皮脱落处金属基体表面出现较浅的网纹；当激光峰值功率密度增加至 1.06×10^8 W/cm^2 时，漆层已经完全崩碎并开始喷射飞离金属基体，金属基体开始出现明显的网纹，但没有较为明显的损伤。当激光峰值功率密度达到 1.77×10^8 W/cm^2 时，漆层金属基体的网纹更加明显和粗糙，金属基体开始出现大的凹坑，这时已经达到除漆的损伤阈值。

表 5.2　激光峰值功率密度对除漆效果的影响

平均功率/W	激光峰值功率密度/(W/cm^2)	试验现象
100	3.54×10^7	漆层开始起皮，但未脱离底材
200	7.08×10^7	漆层开始起皮，但部分脱离底材
300	1.06×10^8	漆层完全脱离底材，底材可见金属色
400	1.42×10^8	漆层完全脱离底材，底材可见金属色
500	1.77×10^8	漆层完全脱离底材，底材出现损伤

5.3.2　水膜对激光除漆效率的影响

在激光清洗中有一种液膜涂覆与激光复合的方法[16]，即首先在待清洗表面涂覆一层液膜，然后用激光辐射去污；当激光照射于液膜上时，液膜急剧受热，产生爆炸性气化，爆炸性冲击波使工件表面的污物松散，并随冲击波飞离基底表面，从而达到去污的目的。

以激光峰值功率密度约为 1.06×10^8 W/cm^2，激光扫描速度为 5cm^2/s，聚焦到样品上以 S 形路径扫描铝合金飞机蒙皮，清洗干净需要扫描 2～3

次。相同的激光清洗条件下，在铝合金蒙皮表面喷洒一层水膜，只需扫描一次，被辐照到的漆层大部分已经脱落干净，基底完全裸露。由此可见，将蒙皮喷洒一层水膜后再进行激光脱漆，效率提高了约 1 倍。图 5.3 为漆层表面有、无水膜时激光除漆后的表面形貌。可以看出，漆层表面没有覆盖水膜时，表面呈现出明显的激光光斑痕迹，光斑内出现熔融痕迹，表明此时出现了烧蚀现象(见图 5.3(a))；漆层表面有覆盖水膜时，激光清洗表面光滑平整，没有出现明显的激光光斑烧蚀痕迹，这说明水膜的使用可以有效地提高漆层去除率和激光损伤阈值，其激光除漆机理主要是烧蚀效应和振动效应共同作用。

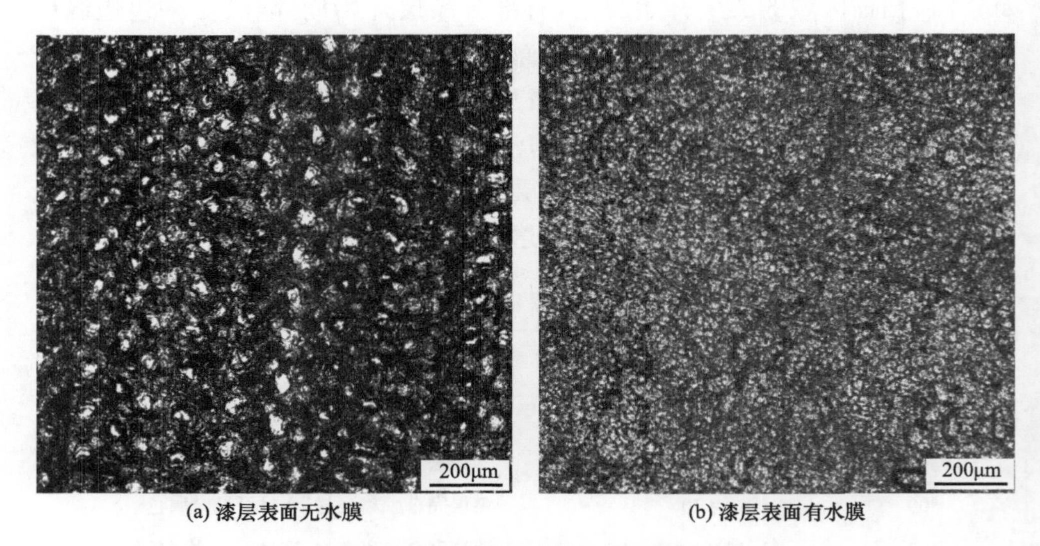

(a) 漆层表面无水膜　　(b) 漆层表面有水膜

图 5.3　激光除漆后的表面形貌

5.3.3　激光除漆对基材力学性能的影响

激光除漆可以克服传统清洗方法工作量大、易造成环境污染等一些缺点，但其对清洗基体性能的影响值得研究。谭荣清等[17]研究了输出波长为 10.6μm、单脉冲输出能量最高可达 15J 的 TEA CO_2 激光去除飞机表面漆层前后，飞机蒙皮材料的屈服强度、抗拉强度、弹性模量等力学特性参数的变化。试验采用美国 MTS 公司 810 型材料试验系统对两组共 7 个样品进行材料拉伸试验。试验结果如表 5.3 所示[17]。

表 5.3　激光清洗前后材料的力学性能参数变化[17]

样品	编号	极限应变 δ /%	屈服强度 $\sigma_{0.2}$ /MPa	抗拉强度 σ_p /MPa	弹性模量 E /GPa
除漆后样品	1#	13.86	311.0	398.6	59.07
	2#	12.47	—	403.2	—
	3#	10.07	318.9	391.4	57.25
	4#	>10.90	330.1	405.2	62.75
	5#	>10.69	310.9	399.5	56.66
除漆前样品	6#	>11.00	310.7	398.5	55.71
	7#	11.68	308.7	399.8	54.27

通过对比发现，除漆前后样品的力学性能并没有明显的差异，激光除漆对蒙皮无显著的影响。

5.3.4　激光清洗表面分析

图 5.4 为激光清洗阈值范围内激光清洗铝合金表面漆层后的表面形貌。可以看出，激光清洗表面非常光滑平整，没有发现有黏附物的存在，激光清洗表面的 Al 元素相对含量为 98.44%，C 元素相对含量为 0.55%，O 元素相对含量为 1.01%，这说明在激光清洗阈值范围内，激光清洗铝合金表面蒙皮的清洗效果和质量非常好。

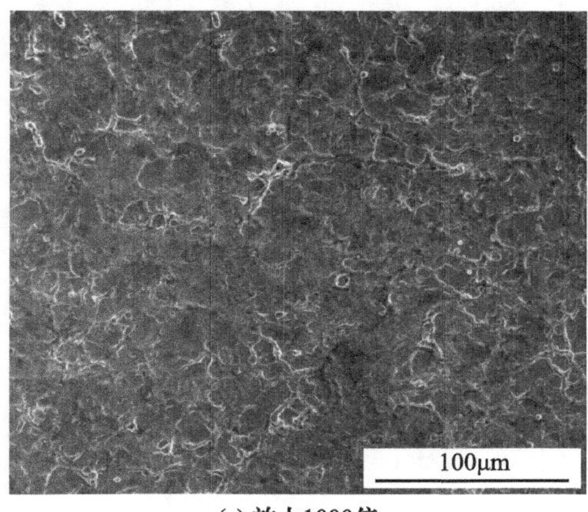

(a) 放大1000倍

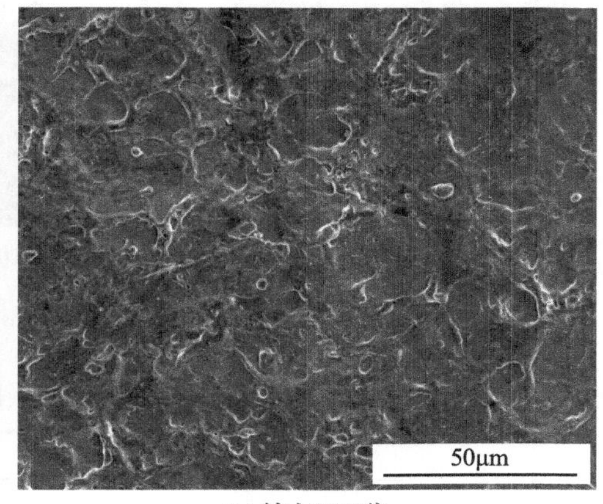

(b) 放大2000倍

图 5.4　激光清洗阈值范围内激光清洗铝合金表面漆层后的表面形貌

图 5.5 为激光清洗钢质环氧富锌底漆后的表明形貌。可以看出，激光清洗表面光斑痕迹清晰，排列整齐。激光光斑内表面平整，光斑搭接处的形貌与激光光斑内的表面形貌存在显著差异。

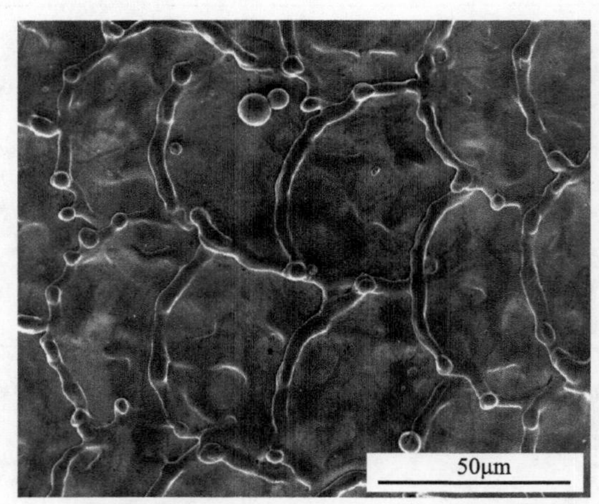

图 5.5　激光清洗钢质环氧富锌底漆后的表面形貌

图 5.6 为激光清洗钢质表面的三个微区。表 5.4 为图 5.6 所示的三个微区的元素组成及相对含量。可以看出，激光清洗表面 C 元素的相对含量非常低，约为 5%，Fe 元素的相对含量非常高，约为 95%，可见激光清洗漆层表面非常干净。另外，在激光清洗表面没有出现 O 元素，说明没有发生氧化现象。

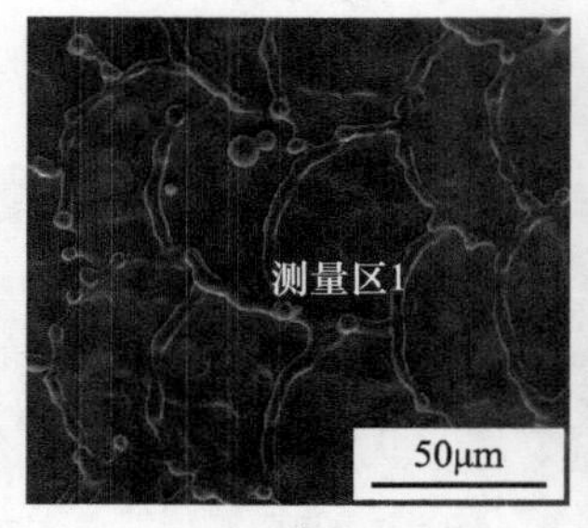

(a) 区域Ⅰ: 面

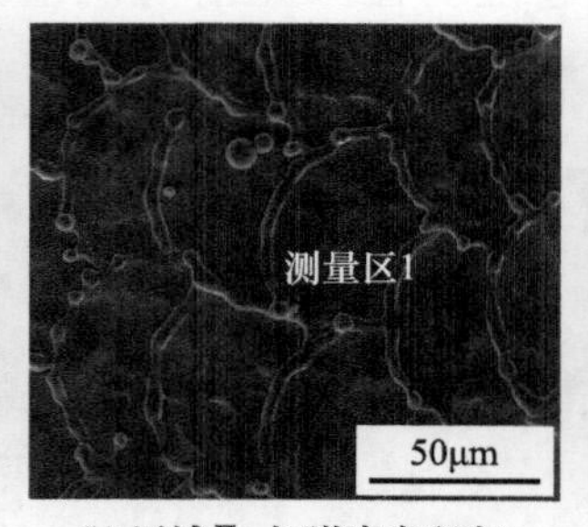

(b) 区域Ⅱ: 点(激光光斑内)

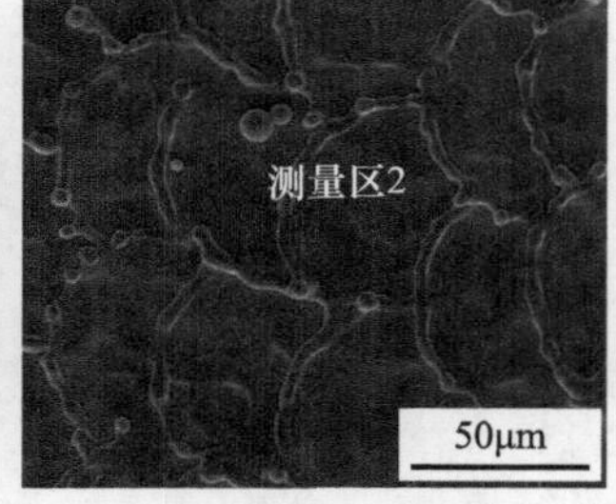

(c) 区域Ⅲ: 点(光斑搭接处)

图 5.6　激光清洗钢质表面的不同微区

表 5.4　图 5.6 中三个微区的元素组成及相对含量

元素	元素相对含量/%		
	区域Ⅰ	区域Ⅱ	区域Ⅲ
C	5.41	5.34	4.17
Fe	93.65	94.28	95.83

图 5.7 为激光清洗钢质表面涂覆丙烯酸漆层后的表面形貌。可以看出，激光清洗表面存在大量没有完全清洗的漆层，但被激光清洗过的漆层非常干净，加工痕迹明显，没有发现漆层的炭化烧蚀现象，这说明脉冲激光清洗漆层的主要机理为剥离机理。

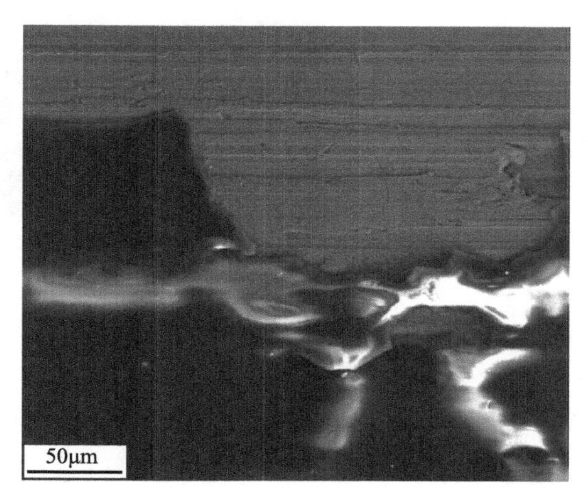

图 5.7　激光清洗钢质表面涂覆丙烯酸漆层后的表面形貌

表 5.5 和表 5.6 给出了图 5.7 中激光未清洗干净部分和清洗干净部分的微区表面元素组成及相对含量。可以看出，未清洗干净部分含有大量 C 元素，质量分数达到 67.36%，而 Fe 元素的质量分数仅为 12.27%，说明这部分主要是未被激光清洗干净的漆层；清洗干净部分含有大量 Fe 元素，质量分数为 78.19%；C 元素质量分数仅为 12.52%。

表 5.5　图 5.7 的微区表面元素组成及相对含量(未清洗干净部分)

元素	质量分数/%	原子百分数/%
C	67.36	79.15
O	19.84	17.50
Si	0.18	0.09
P	0.35	0.16
Fe	12.27	3.10
总和	100	100

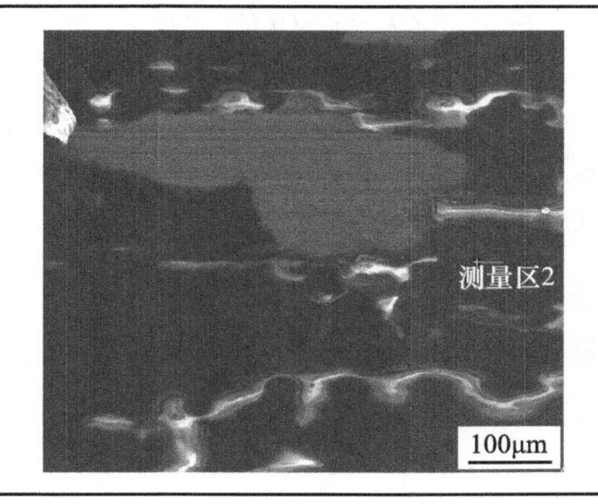

表 5.6 图 5.7 的微区表面元素组成及相对含量(清洗干净部分)

元素	质量分数/%	原子百分数/%
C	12.52	35.04
O	7.39	15.53
Na	0.73	1.07
Si	0.30	0.36
P	0.87	0.94
Fe	78.19	47.06
总和	100	100

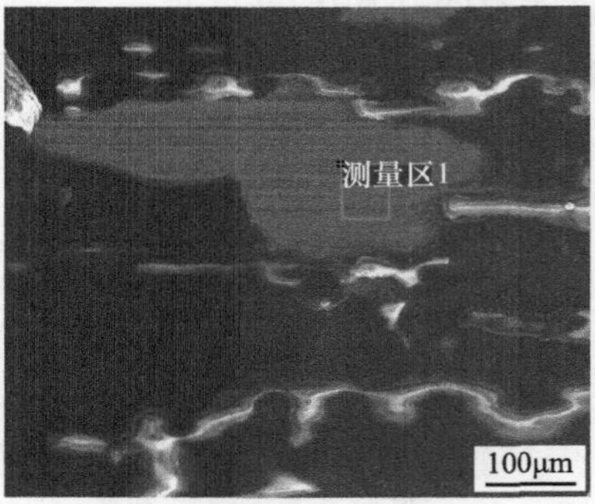

5.4 激光清洗表面锈蚀

激光清洗可以干净地去除表面锈蚀,清洗后基材表面组织和性能会发生变化。激光清洗锈蚀时选择合理的工艺参数,可以获得最佳的清洗效果。表面出现锈蚀后,会形成锈蚀坑,从而使粗糙度值增大,同时激光扫描速度越慢、激光功率越高,样品的表面粗糙度就越大,但达到某一阈值,表面出现损伤,形成一些凹坑,还会有一层熔凝层[18,19]。激光清洗表面锈蚀后,基材表面的激光光斑痕迹较为明显,部分清洗区域出现发蓝现象,同时基材表面硬度会高于原始基材表面的硬度,主要原因是单点高能激光作用于基材表面时,使表面出现厚度很薄的褶皱状硬化层,这层硬化层表面一般呈压应力状态,这种状态可以提高基材表面的硬度。

5.4.1 工艺参数对激光清洗锈蚀表面清洗效果的影响

表 5.7 为不同激光清洗参数对表面锈蚀的清洗效果比较。可以看出,激光扫描 1 次,尽管所有样品的锈层均未完全除掉,但激光清洗表面锈蚀试验后出现的现象存在显著差异。在激光功率、激光扫描速度相同的条件下,离焦量逐渐增加时(如样品 2、4、5),样品 2 激光清洗表面出现烧蚀现象,样品 4 和样品 5 激光清洗表面呈浅黄色,局部出现亮白金属本色,锈层清除程度大于样品 2。这是因为激光束在+1mm 聚焦时,光斑尺寸较小,能量密度较高,清洗件表面的热输入较大,激光清洗表面在空气中发生氧化。当离焦

量相同(如样品1、2、3)时,随着激光功率逐渐增大,激光扫描速度逐渐降低,可以看出样品1表面上的大部分锈层未清除,而样品3在激光清洗表面锈蚀后,样品表面呈灰黑色,烧蚀现象更加明显。这是因为样品1所采用的激光清洗功率低,功率密度低,且激光扫描速度快,线能量低,未能达到清除锈层的激光清洗阈值,因而表面锈蚀不能被清除;激光清洗样品3时,激光清洗功率较高,激光扫描速度慢,单位能量密度较高,因而烧蚀现象更严重。由上述分析可知,考虑到激光清洗效率和清洗质量,以及能量利用等问题,激光除锈时需要优化激光清洗工艺参数。

表5.7 不同激光清洗参数对表面锈蚀的清洗效果比较

样品编号	激光功率/W	激光扫描速度/(cm^2/s)	离焦量/mm	激光扫描次数	激光清洗效果
1	100	7	+1	1次	大部分锈层未清除
2	300	5	+1	1次	表面出现烧蚀现象,局部清洗
3	500	3	+1	1次	表面呈灰黑色,烧蚀现象更加明显
4	300	5	+3	1次	表面呈浅黄色,局部出现亮白金属本色
5	300	5	+5	1次	表面呈浅黄色,局部出现亮白金属本色

图5.8为激光扫描速度对激光清洗前后表面元素相对含量的影响。可以看出,原始锈层的Fe元素相对含量低,O元素相对含量高。这是因为锈层中主要含有$Fe_2O_3.nH_2O(n\leqslant 3)$,O元素的相对含量增加,从而Fe元素

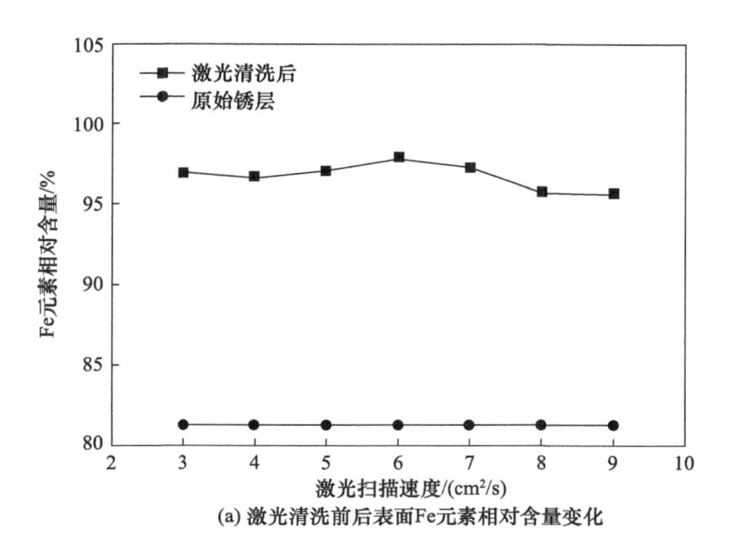

(a) 激光清洗前后表面Fe元素相对含量变化

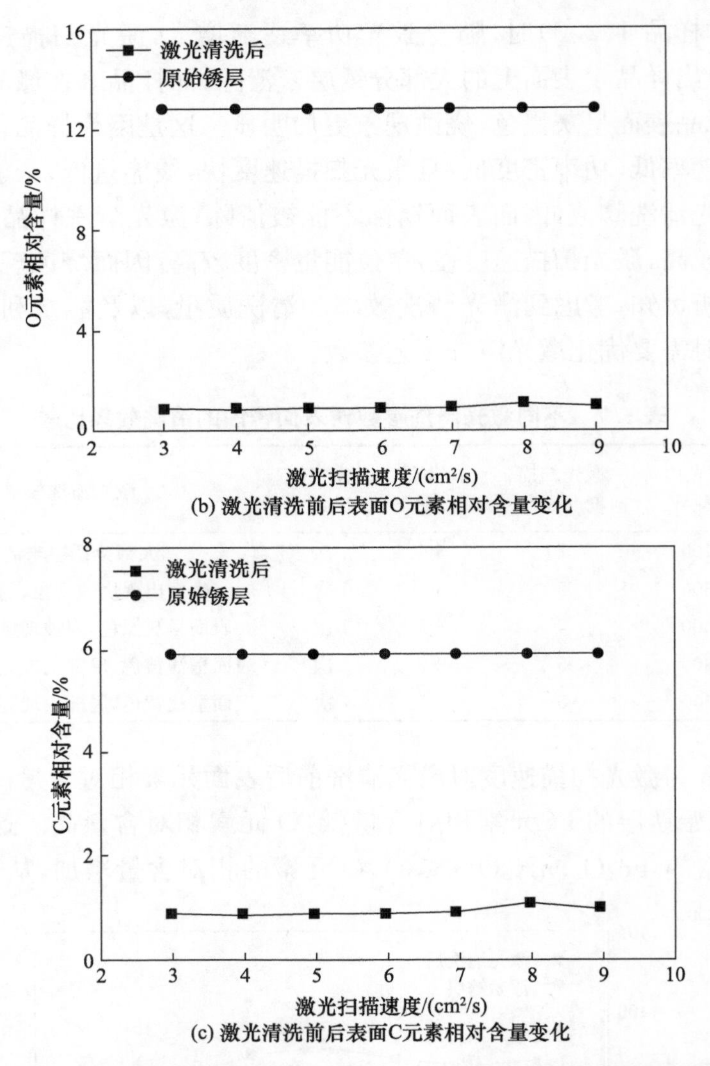

(b) 激光清洗前后表面O元素相对含量变化

(c) 激光清洗前后表面C元素相对含量变化

图 5.8 激光扫描速度对激光清洗前后表面元素相对含量的影响

的相对含量降低。当激光扫描速度为 3～6cm²/s 时，Fe 元素相对含量呈逐渐增大的趋势，O 元素相对含量呈逐渐降低的趋势，C 元素相对含量基本保持不变，这说明锈层在不同程度上被清除；当激光扫描速度为 6cm²/s 时，Fe 元素的相对含量最高，O 元素的相对含量最低，说明锈层去除效果最明显。因此，激光清洗锈蚀时选择合理的工艺参数，可以获得最佳的清洗效果。

5.4.2　工艺参数对激光清洗锈蚀表面粗糙度的影响

图 5.9 为不同激光功率下扫描次数对清洗表面粗糙度的影响。可以看出，在相同激光功率下，随着扫描次数的增加，激光清洗表面粗糙度呈逐渐增加的趋势。在相同扫描次数下，随着激光功率的增大，激光清洗表面的粗糙度增大。在激光功率为 100W 时，随着扫描次数的增加，激光清洗表面粗糙度缓慢增大。在激光功率为 300W、500W 时，扫描次数不大于 4 次时，激光清洗表面粗糙度缓慢增大；扫描次数大于 4 次时，激光清洗表面粗糙度迅速增大。由此可知，在一定范围内，在相同的扫描次数下，激光功率越高，样品的表面粗糙度就越大，但当激光功率达到某一阈值时，表面出现损伤，形成一些凹坑，还会有一层熔凝层。

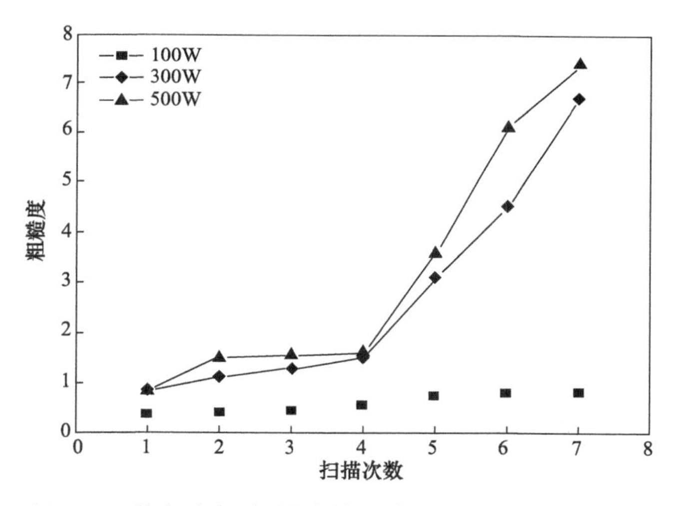

图 5.9　激光功率、扫描次数对清洗表面粗糙度的影响

图 5.10 为不同激光扫描速度下扫描次数对清洗表面粗糙度的影响。可以看出，功率同为 300W 的激光，在相同扫描次数下，激光扫描速度为 $3cm^2/s$ 时所产生的样品表面粗糙度比激光扫描速度为 $10cm^2/s$ 时要大。因为在激光除锈过程中，当同种激光输出功率和扫描次数相同时，激光光束与样品表面的相互作用便由激光扫描速度的大小来反映。激光扫描速度越大，激光光束在样品表面上作用的时间就越短，则样品表面接收的能量较少，进而使激光清洗表面发生熔凝的能力降低，表面粗糙度受影响程

度减弱。因此,同种激光在激光功率和扫描次数相同的条件下,激光扫描速度越快,激光清洗表面的粗糙度越低。

图 5.11 为激光清洗前后样品表面的粗糙度变化曲线。可以看出,碳钢原始表面的粗糙度波动平稳且平均值最低,而锈层表面的粗糙度波动幅度较大且平均值最大。激光清洗后,碳钢表面的粗糙度趋于稳定值,粗糙度平均值为 2.12μm,比碳钢原始表面的粗糙度平均值(1.52μm)高一些,其主要原因是表面出现锈蚀后,会形成锈蚀坑,从而使粗糙度值增大。

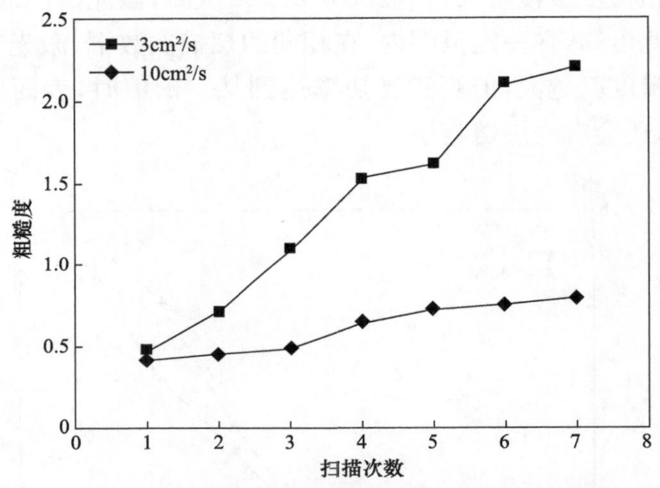

图 5.10　不同激光扫描速度下扫描次数对清洗表面粗糙度的影响

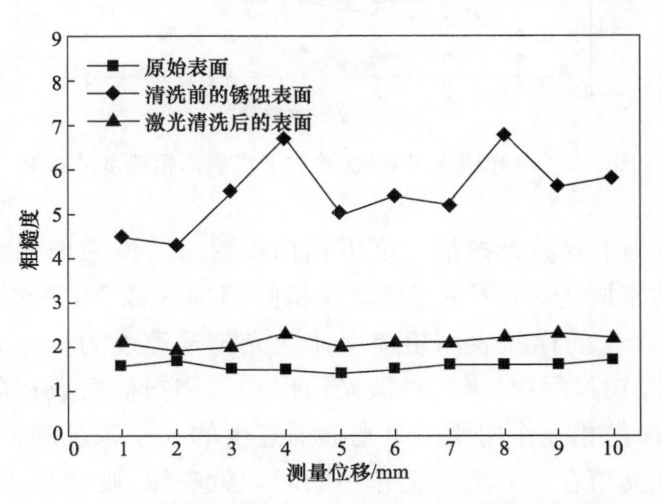

图 5.11　激光清洗前后样品表面粗糙度变化曲线

5.4.3　工艺参数对激光清洗锈蚀表面硬度的影响

尽管激光除锈在基体表面产生的热影响小，而且深度很浅，但是由于单点激光能量密度很高，而且能量注入晶体中的晶格粒子，使晶格粒子逃离或偏离平衡位置，从而引起激光清洗的表面组织、性能发生变化。图 5.12 为激光清洗前后基材表面各点的显微硬度值变化情况。可以看出，锈蚀表面各点的显微硬度值分布没有明显的规律性，比较散乱，但其显微硬度平均值较高，达到 217.6HV_{100}；原始基材表面各点显微硬度分布比较均匀，离散比较小，显微硬度平均值较低，约为 173.3HV_{100}；经过激光清洗后，表面显微硬度值波动较大，各点显微硬度的离散比较大，显微硬度平均值较高，约为 211HV_{100}，高于原始基材表面的显微硬度。其主要原因是在激光清洗过程中，单点高能激光作用于基材表面，使表面出现厚度很薄的褶皱状硬化层，这层硬化层表面一般呈压应力状态，这种压应力状态可以提高碳钢表面的硬度。

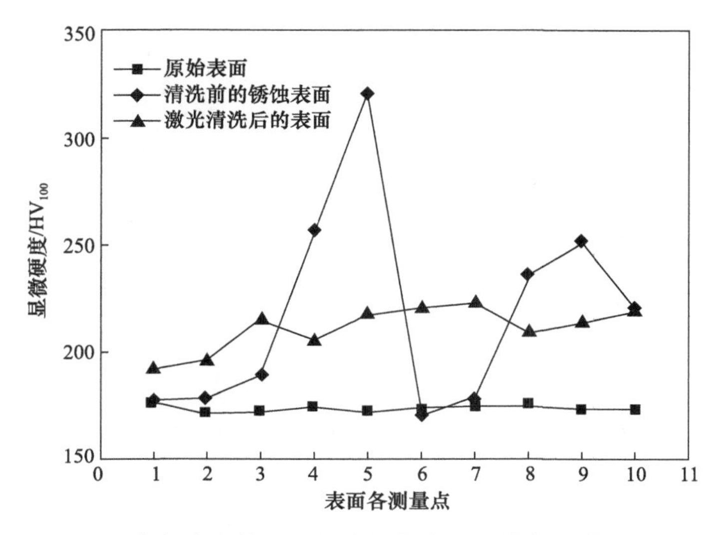

图 5.12　激光清洗前后基材表面各点的显微硬度值变化情况

5.4.4　激光清洗锈蚀后的表面分析

图 5.13 为激光清洗碳钢锈蚀表面后的表面形貌。可以看出，激光清洗

以后，碳钢表面的原有划痕清晰可见，出现金属光泽。图 5.14 为激光清洗碳钢锈蚀表面后的表面形貌。可以看出，激光清洗后，表面的加工犁沟非常干净，激光光斑痕迹明显，约为 50μm。

图 5.13　激光清洗碳钢锈蚀表面后的表面形貌

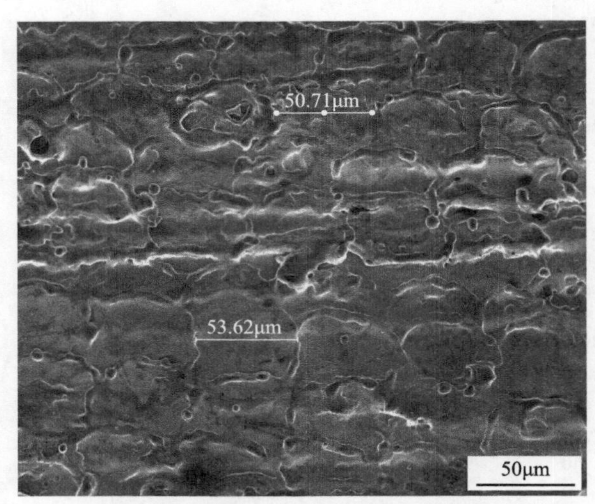

图 5.14　激光清洗碳钢锈蚀表面后的表面形貌

图 5.15 为激光清洗锈蚀表面的三个微区。表 5.8 为图 5.15 所示的三个微区的元素组成及相对含量。可以看出，激光光斑内和激光光斑二次搭接处的 C 元素相对含量要明显高于激光光斑三次搭接处的 C 元素相对含量，Fe 元素的相对含量比较高，但没有发现 O 元素的存在，说明碳钢表面的锈蚀被激光清洗干净。

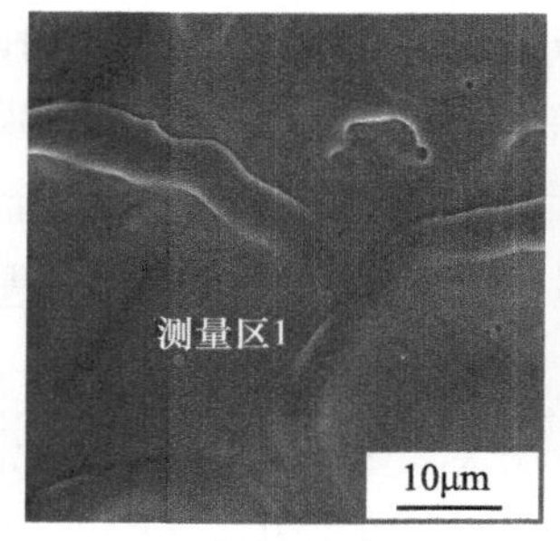

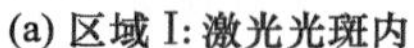
(a) 区域Ⅰ：激光光斑内

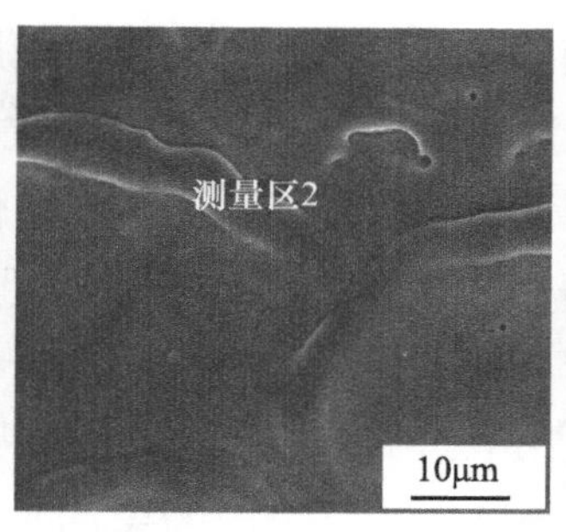

(b) 区域Ⅱ：激光光斑二次搭接处

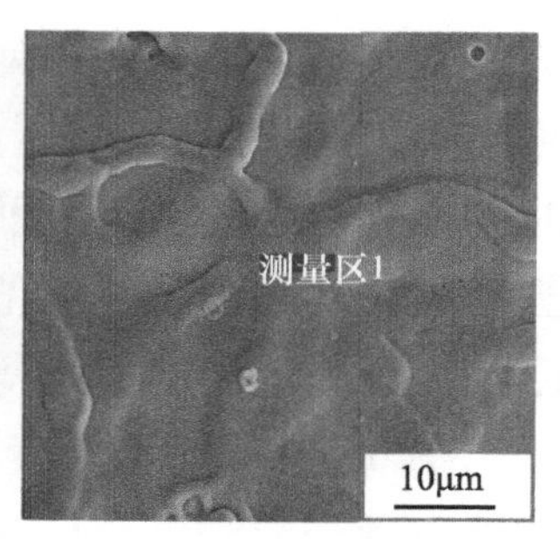

(c) 区域Ⅲ：激光光斑三次搭接处

图 5.15　激光清洗锈蚀表面的不同微区

表 5.8　图 5.15 中三个微区的元素组成及相对含量

元素	元素相对含量/%		
	区域Ⅰ	区域Ⅱ	区域Ⅲ
C	11.28	12.93	7.22
Fe	88.09	86.22	92.35
O	0	0	0

5.5　钛合金表面的激光清洗

激光清洗钛合金表面在损伤阈值以上时，表面会发生烧蚀现象，对材料的本征性能有一定影响；在激光清洗阈值以下时，表面的积炭、油污清洗不干净，只有在激光清洗阈值以上、损伤阈值以下范围内进行激光清洗处理，才能获得清洁表面。不同的材料和污染物，其激光清洗阈值和损伤阈值会发生变化。在经过优化的激光清洗参数下，激光清洗后的基体表面非常光滑，激光光斑的痕迹非常模糊，基体表面没有发现熔融现象[20]。

5.5.1　钛合金表面积炭激光清洗阈值

激光清洗是基于激光与物质相互作用效应的一种清洗技术，它与超声波法、溶剂法、化学法等传统的清洗方法不同，不需要任何介质，不会产生新的污染，对人体和环境无害。只要能够合理地控制激光清洗参数，底材表面也不会产生任何损伤。然而，激光清洗也有其难点，目前阻碍激光清洗广泛应用的关键性问题是如何确定激光清洗阈值和损伤阈值。激光清洗阈值和损伤阈值的物理意义是:激光功率低于某一临界数值时,即使延长激光辐照时间,对底材表面也无任何清洗效果,这一临界数值就是激光清洗阈值;而当激光功率超过某一阈值时,表面清洗效果尚好,但底材表面已产生不同程度的损伤,如裂纹、熔坑等,该阈值称为损伤阈值。

图 5.16 为脉冲宽度 20ns、扫描宽度 5cm、激光功率 500W 时不同清洗速度下激光清洗钛合金表面积炭、油污后的表面形貌。可以看出,当激光功率为 500W 时,激光清洗速度慢(如 $3cm^2/s$)时,虽然清洗表面比较干净,但

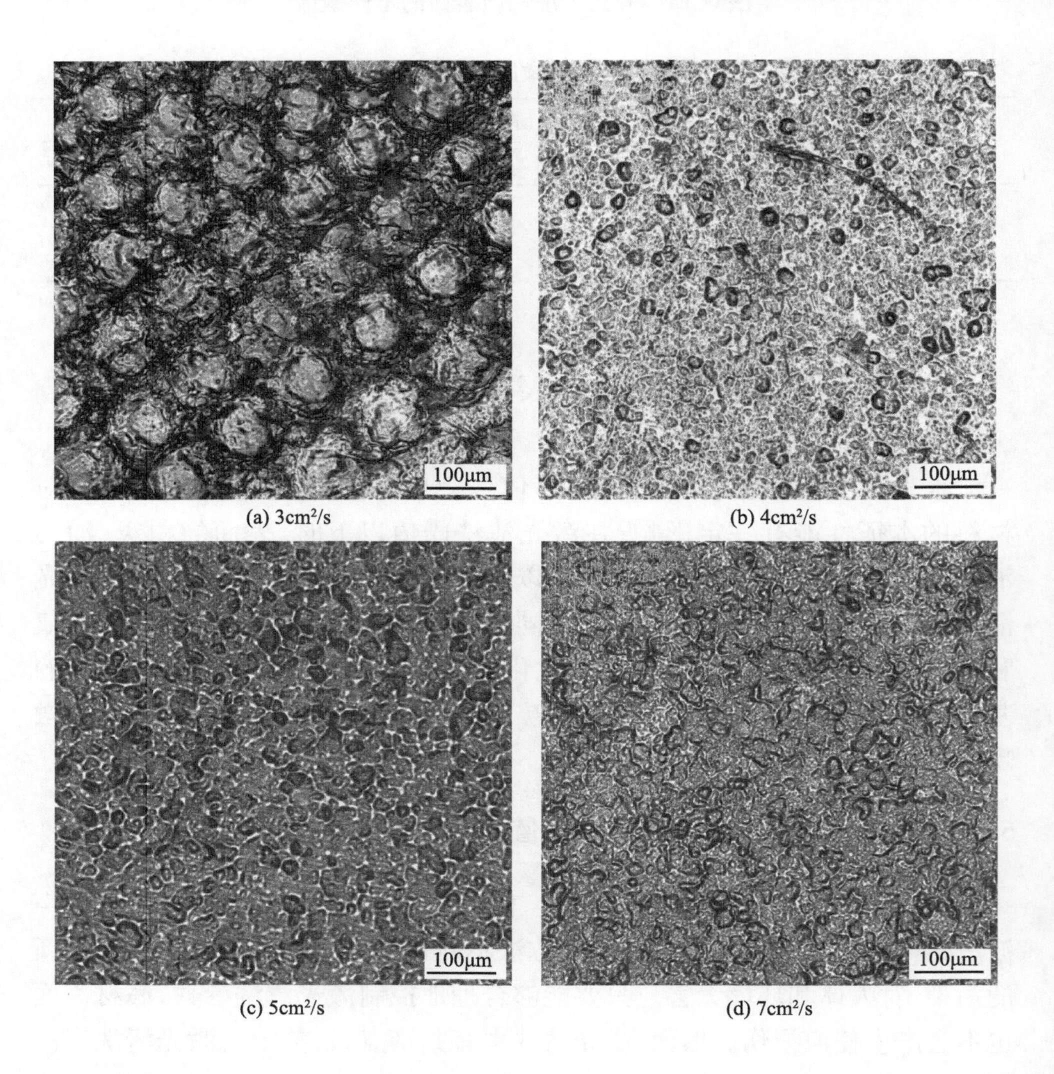

(a) $3cm^2/s$ (b) $4cm^2/s$

(c) $5cm^2/s$ (d) $7cm^2/s$

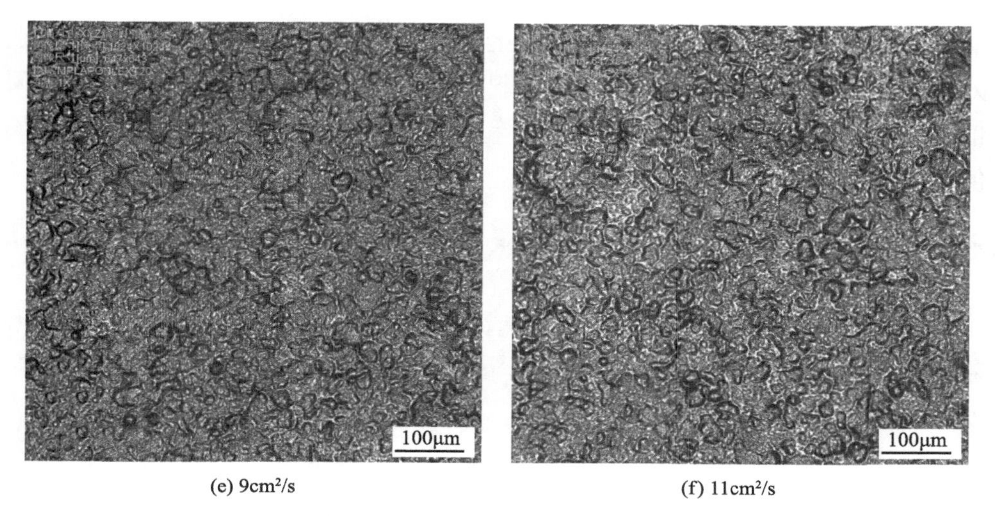

图 5.16　不同清洗速度下激光清洗钛合金表面积炭、油污后的表面形貌

清洗表面已经出现烧蚀现象；当激光清洗速度过快(如 $11cm^2/s$)时，虽然清洗表面没有出现烧蚀现象，但清洗表面碳含量较多，积炭、油污没有完全清洗干净。因此，在上述激光清洗条件下，其激光损伤阈值为清洗速度不大于 $3cm^2/s$，激光清洗阈值为 $4\sim9cm^2/s$。

图 5.17 为钛合金表面积炭、油污激光清洗阈值和损伤阈值示意图。在损伤阈值以上进行激光清洗时，材料表面会发生烧蚀现象，对材料的本征性能有一定影响；在清洗阈值以下进行激光清洗时，钛合金表面的积炭、油污

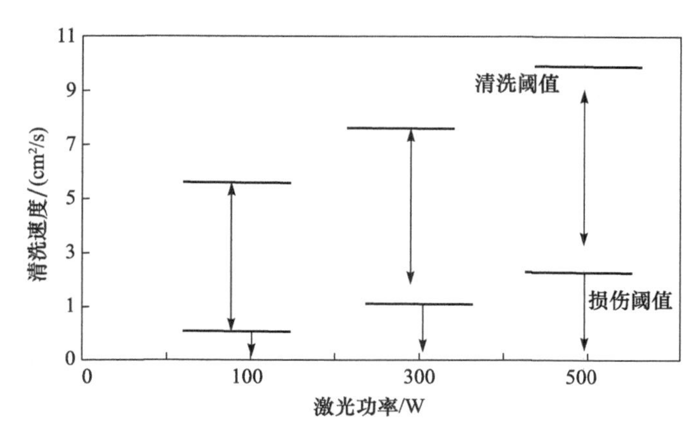

图 5.17　钛合金表面积炭、油污激光清洗阈值和损伤阈值示意图

清洗不干净,只有在激光清洗阈值以上、损伤阈值以下范围内进行激光清洗处理,才能获得清洁表面。不同的材料和污染物,其激光清洗阈值和损伤阈值会发生变化。因此,对不同污染物和不同材料的激光清洗阈值和损伤阈值必须进行试验确定。

5.5.2　钛合金表面激光清洗表面形貌与元素分析

图 5.18 为清洗阈值范围内激光清洗钛合金表面积炭、油污后的表面形貌。可以看出,激光清洗表面非常光滑,激光光斑的痕迹非常模糊,也没有发现熔融现象,表面看起来非常干净。

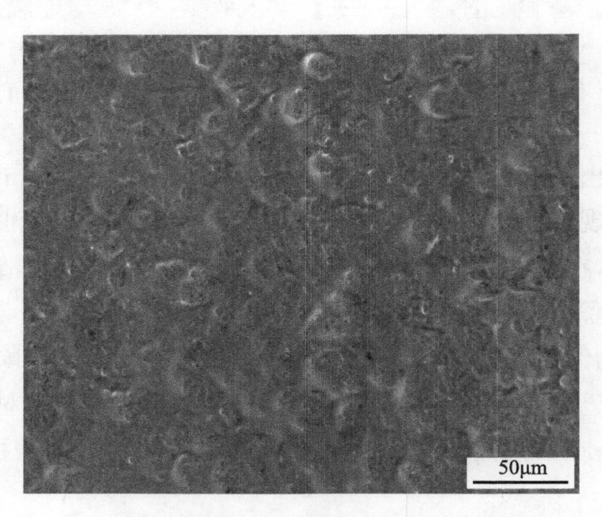

图 5.18　清洗阈值范围内激光清洗钛合金表面积炭、油污后的表面形貌

图 5.19 为清洗阈值范围外激光清洗钛合金表面积炭、油污后的表面形貌。可以看出,激光清洗表面的激光光斑痕迹十分明显,光斑中心部分出现熔融现象,已出现损伤痕迹,光斑边界部分有烧焦的污染物痕迹。

清洗阈值范围内,激光清洗钛合金表面积炭、油污后的表面只有 Ti 元素存在,检测不到 C 元素的存在,说明在此优化激光清洗参数下,钛合金表面积炭、油污清洗得非常干净,如图 5.20 所示。

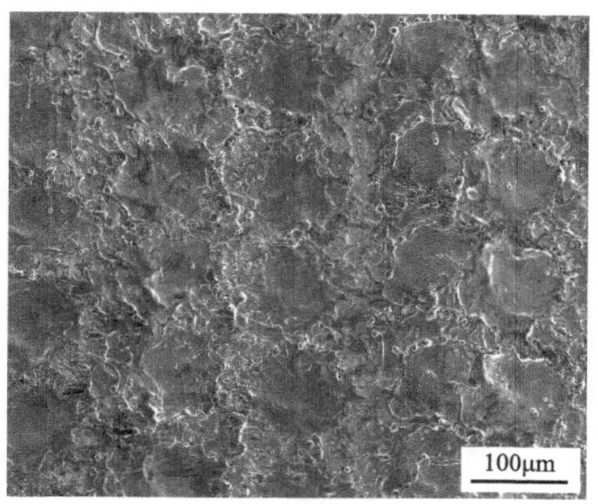

(a) 放大500倍

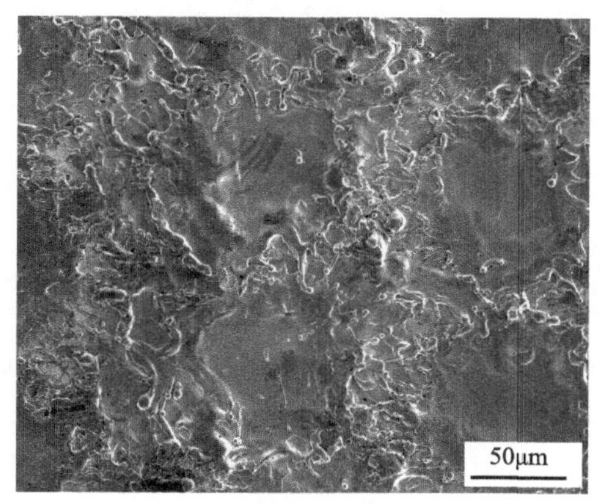

(b) 放大1000倍

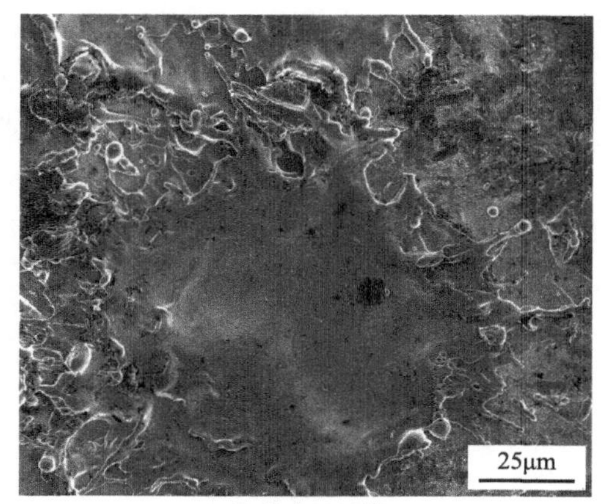

(c) 放大2000倍

图5.19　清洗阈值范围外激光清洗钛合金表面积炭、油污后的表面形貌

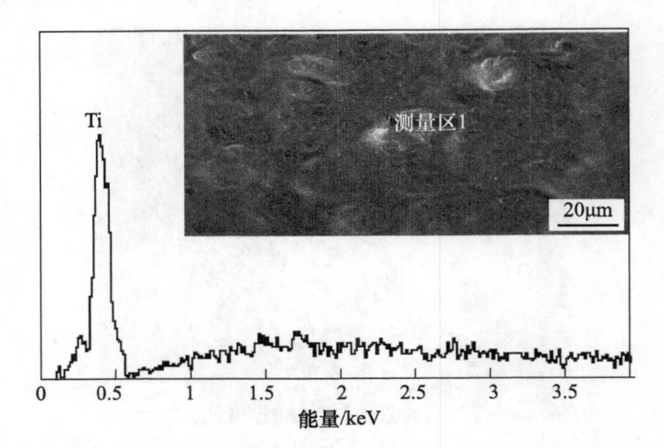

图 5.20 激光清洗钛合金表面积炭、油污后的表面元素组成

参 考 文 献

[1] Bedair S M, Smith H P. Atomically clean surfaces by pulsed laser bombardment [J]. Journal of Applied Physics, 1969, 40(12): 4776-4781.

[2] Fox J A. Effect of water and paint coatings on laser-irradiated targets[J]. Applied Physics Letters, 1974, 24 (10): 461-464.

[3] Beklemyshev V I, Makarov V V, Makhonin I I, et al. Photodesorption of metal ions in a semiconductor-water system[J]. JETP Letters, 1987, 46(7): 347-350.

[4] Assendel'ft E Y, Beklemyshev V I, Makhonin I I, et al. Optoacoustic effect on the desorption of microscopic particles from a solid surface into a liquid[J]. Soviet Techics Physics Letters, 1988, 14(6): 444-445.

[5] Assendel'ft E Y, Beklemyshev V I, Makhonin I I, et al. Photodesorption of microscopic particles from a semiconductor surfaces into a liquid[J]. Soviet Technical Physics Letters, 1988, 14(8): 650-654.

[6] Woodroffe J. Laser paint stripping [R]. Avco Everett Research Laboratory Inc., 1985.

[7] 宋峰,刘淑静,邹万芳. 激光清洗——脱漆除锈[J]. 清洗世界,2005,21(11):38-41.

[8] 王泽敏,曾晓雁,黄维玲. 激光清洗轮胎模具表面橡胶层的机理与工艺研究[J]. 中国激光,2000,27(11):1050-1054.

[9] 陈菊芳,张永康,孔德军,等. 短脉冲激光清洗细微颗粒的研究进展[J]. 激光技术,2007,31(3):301-305.

[10] 史兴宽，徐传义，王健. 超光滑基底表面污染微粒的激光清洗技术[J]. 中国机械工程，2000，11(10)：1138-1141.

[11] 姚志猛，陈国星. 浅析核电站放射性去污常用技术[J]. 清洗世界，2013，29(10)：18-21.

[12] 陈林，杨永强. 激光清洁技术及其应用[J]. 红外与激光工程，2004，33(3)：274-277.

[13] 王宏睿. 激光清洗原理与应用研究[J]. 清洗世界，2006，22(9)：20-23.

[14] 施曙东. 脉冲激光除漆的理论模型、数值计算与应用研究[D]. 天津：南开大学，2012.

[15] 施曙东，杜鹏，李伟，等. 1064nm 准连续激光除漆研究[J]. 中国激光，2012，39(9)：58-64.

[16] 罗红心，程兆谷. 大功率连续 CO_2 激光器用于飞机激光去漆[J]. 激光杂志，2002，23(6)：52-53.

[17] 谭荣清，郑光，郑义军，等. 激光除漆对基材力学性能的影响[J]. 激光杂志，2005，26(6)：83-84.

[18] 沈全，佟艳群，马桂殿，等. 激光除锈后基体表面粗糙度的研究[J]. 激光与红外，2014，44(6)：605-608.

[19] 张安峰，朱刚贤，周志敏，等. CO_2 激光、Nd：YAG 激光和准分子激光熔覆特性的比较[J]. 金属热处理，2008，33(6)：14-18.

[20] Song W D, Hong M H, Koh H L, et al. Laser-induced removal of plate-like particles from solid surfaces [J]. Applied Surface Science, 2002, 186(1-4): 69-74.